高等职业教育土木建筑类专业新形态教材

建筑工程测量实训

（活页式教材）

主　编　张　营　王怀海　肖明和

副主编　赵　昕　梁金环　张丽丽

　　　　王婷婷　王晓梅

参　编　宋彬斌　沙晓明　张　进

主　审　付建村

北京理工大学出版社

BEIJING INSTITUTE OF TECHNOLOGY PRESS

内 容 提 要

　　本书是建筑工程测量课程的配套实训教材，立足于高职高专土建类专业测量实训教学的需要，突出学生测量岗位职业能力的培养。全书主要内容分为三大模块：模块1建筑工程测量实训须知、模块2建筑工程测量单项实训任务指导、模块3工程应用实训任务指导。书中前五个单项实训项目共16个实训任务，后三个工程应用实训项目共7个实训任务。每一个实训任务与知识点相对应，具有较强的实用性和针对性。

　　本书可作为高职高专院校建筑工程技术、道路工程技术、隧道工程技术、工程测量技术、工程造价、工程管理、工程监理等土建类专业的教材，也可作为建筑工程施工单位岗位培训用书或参考书，还可供从事工程测量的相关技术人员的参考使用。

图书在版编目（CIP）数据

建筑工程测量实训 / 张营，王怀海，肖明和主编
.--北京：北京理工大学出版社，2022.1
　ISBN 978-7-5763-0841-9

　Ⅰ.①建⋯　Ⅱ.①张⋯　②王⋯　③肖⋯　Ⅲ.①建筑测
量－高等学校－教材　Ⅳ.①TU198

　中国版本图书馆CIP数据核字（2022）第010902号

出版发行 / 北京理工大学出版社有限责任公司
社　　　址 / 北京市海淀区中关村南大街 5 号
邮　　　编 / 100081
电　　　话 / （010）68914775（总编室）
　　　　　　（010）82562903（教材售后服务热线）
　　　　　　（010）68944723（其他图书服务热线）
网　　　址 / http://www.bitpress.com.cn
经　　　销 / 全国各地新华书店
印　　　刷 / 北京紫瑞利印刷有限公司
开　　　本 / 787 毫米 ×1092 毫米　1/16
印　　　张 / 13.5　　　　　　　　　　　　　责任编辑 / 高雪梅
字　　　数 / 297 千字　　　　　　　　　　　文案编辑 / 高雪梅
版　　　次 / 2022 年 1 月第 1 版　2022 年 1 月第 1 次印刷　　责任校对 / 周瑞红
定　　　价 / 58.00 元　　　　　　　　　　　责任印制 / 边心超

建筑工程测量实训教材编写突出教学内容的实用性和实践性，坚持以职业能力为本位，以应用为目的，以必需、够用为度，满足职业的需要，与相应的职业资格标准或行业技术等级标准对接，对培养学生的专业和岗位能力具有重要的作用。

根据活页式教材的编写特点，本书按照工作过程的顺序和学生自主学习的要求进行教学设计并安排教学活动，实现理论教学与实践教学融通合一，能力培养与工作岗位对接合一、实习实训与项目工作学做合一，帮助学生实现有效学习，掌握测量职业技能。全书主要内容分为三大模块：模块1建筑工程测量实训须知、模块2建筑工程测量单项实训任务指导、模块3工程应用实训任务指导。模块2建筑工程测量单项实训任务指导包括水准测量、角度测量、距离丈量、全站仪的应用、GPS技术的应用，模块3工程应用实训任务指导包括小地区控制测量、角度测量工程应用、水准测量工程应用。其中水准测量工程应用实训项目包括导线测量控制测量、建筑的定位放线、传递高程、道路平曲线放样等工程施工测量知识。

为突出高职高专职业教育特色和提升人才培养质量，本书在编写中突出了以下特点：

1. 教材内容以必需、够用为原则，优化教材结构，整合教材内容，强化施工测量知识，调整后的体系能更适合高职高专院校教学的要求。

2. 本书密切结合工程实际，引入较多的全站仪、GPS等新技术和新方法，符合现行的建筑工程测量规范及验收规范的要求。

3. 本书具有较强的实用性和针对性，编写时力求严谨、规范，内容精练，叙述准确，通俗易懂。

4. 与之配套的教材《建筑工程测量》（张营、张丽丽主编）已出版，突出项目化实训特色，方便了实践教学的实施。

本书由济南工程职业技术学院张营、济南市城乡建设发展服务中心王怀海、济南工程职业技术学院肖明和担任主编；由济南工程职业技术学院赵昕，水发规划设计有限公司梁金环，济南工程职业技术学院张丽丽、王婷婷、王晓梅担任副主编；山东正元建设工程有限责任公司宋彬斌、沙晓明，北京市市政四建设工程有限责任公司张进参与编写；具体编写分工为：模块1、实训项目1由张营编写；实训项目2由王怀海编写；实训项目6由肖明和编写；实训项目4由赵昕编写；实训项目7由梁金环、王晓梅共同编写；实训项目3由张丽丽编写；实训项目5由王婷婷编写；实训项目8由宋彬斌、沙晓明、张进共同编写。全书由山东省交通科学研究院付建村主审。本书编写过程中，济南市城乡建设发展服务中心、山东正元建设工程有限责任公司、水发规划设计有限公司、北京市市政四建设工程有限责任公司、山东省交通科学研究院提出了很多宝贵建议并提供了很多宝贵资料，在此一并表示感谢！

　　本书在编写过程中，参考和引用了国内外大量文献资料，在此谨向原书作者表示衷心感谢。由于编者水平有限，本书难免存在不足和疏漏之处，敬请各位读者批评指正。

编　者

CONTENTS 目录

模块1 建筑工程测量实训须知

1.1 测量实习的程序规则

(1)实训课前，应认真预习实训指导书和复习教材中的相关内容，明确实训目的、要求、操作方法和步骤及注意事项，以保证按时完成实验任务。

(2)实训以小组为单位进行，组长负责组织和协调实训工作，负责按规定办理所用仪器和工具的领借与归还手续，并检查所领借的仪器和工具与实训用的工具与仪器一致。

(3)在实训过程中，每人都必须认真、仔细地按照操作规程操作，遵循"测量仪器的管理规定"。遵守纪律、听从指挥，培养独立工作能力和严谨的科学态度。全组人员应互相协作，各工种或工序应适当轮换，充分体现集体主义团队精神。

(4)实训应在规定的时间和地点进行，不得无故缺席、迟到或早退，不得擅自改变实训地点或离开现场。

(5)测量数据应用正楷文字及数字记入规定的记录手簿，书写应工整清晰，不可潦草。记录应该用2H或3H铅笔。记录数据应随观测随记录，并向观测者复诵数据，以免记错。

(6)测量数据不得涂改和伪造。记录数字若发现有错误或观测结果不合格，不得涂改，也不得用橡皮擦拭，而应用细横线划去错误数字，在原数字上方写出正确数字，并在备注栏内说明原因。测量记录禁止连续更正数字(如黑、红面尺读数；盘左、盘右读数；往、返量距结果等，均不能同时更正)；否则，应予重测。

(7)记录手簿规定的内容应完整、如实填写。草图绘制应形象清楚、比例适当。数据运算应根据小数所取位数，按"四舍六入，五单进双不进"的规则进行凑整。

(8)在交通频繁地段实训时，应随时注意来往的行人与车辆，确保人员及仪器设备的安全，杜绝意外事故发生。

(9)根据观测结果，应当场做必要的计算，并进行必要的成果检验，以决定观测成果是否合格、是否需要进行重测。应该当场编制的实训报告必须现场完成。

(10)实训过程中或实训结束，发现仪器或工具损坏或丢失，应及时报告指导老师，同时要查明原因，视情节轻重，按规定予以赔偿和处理。

(11)实训结束后，应提交书写工整、规范的实训报告给指导老师批阅，经教师认可后方可清点仪器和工具，做必要的清洁工作，将所借的仪器、工具交还仪器室，经验收合格后，结束实训。

1.2 测量仪器室操作规程

为保证测量实训室仪器设备的正常使用，满足教学、科研需要，特制定本操作规程：按照仪器设备类型、用途不同，将其分为量距工具、光学仪具(含 DS3 型、自动安平水准仪)、电子类仪器(含电子水准仪、电子经纬仪、全站仪、GPS 接收机)。不同仪器工具有不同的操作规程和注意事项。

(1)量距工具的使用注意事项和操作规程。直接进行量距的工具主要是 50 m 钢尺，30 m 皮尺，5 m、3 m、2 m 小钢尺。钢尺易生锈，使用完成要及时擦拭黄油，以免生锈造成钢尺拉不出及注记损害。使用时，不要完全拉出，以免钢尺脱开，造成损坏。

(2)光学仪器和工具包括经纬仪(DS3 型、自动安平水准仪)。经纬仪、水准仪粗略整平时，脚螺旋运动方向与左手大拇指运动方向一致，螺旋不要能过高或低以免把脚螺旋损坏。在使用过程中，一定要保证松开制动螺旋情况下转动望远镜、照准部，以免损坏仪器横轴、竖轴。特别注意仪器要保护好，不能摔坏，本内容也适用电子类仪器。

(3)电子类仪器包括电子水准仪、电子经纬仪、全站仪、激光经纬仪、GPS 接收机，这类仪器的安置方法与光学仪器大致相同，注意事项不再叙述。这类仪器要注意充电。全站仪、GPS 接收机是测量的重要设备，使用时要在教师指导下操作使用。

1.3 测量仪器的借领与归还规定

(1)借领。

1)由指导教师或实训班级的课代表带着实训计划和分组表，到测绘仪器室以实训小组为单位借用测量仪器和工具，按小组编号在指定地点向实训室人员办理借用手续。

2)领取仪器时要按分组表顺序，由仪器室教师给各小组组长发放仪器，在发放仪器时要把每个部件的螺旋转动给小组长看，以此证明仪器的各部件完好，然后松开各制动螺旋放回仪器箱。最后由小组长签字领取。

3)一般由课代表发放其他工具，如三脚架、水准尺、标杆等。在发放三脚架时注意，三脚架的固定螺旋是否拧紧，是否与仪器配套，并当场清点仪器工具及其附件是否齐全，方可离开仪器室。

4)搬运仪器前，必须检查仪器箱是否锁好，搬运时，必须轻取轻放，避免强烈振动和碰撞。

5)实训室一切物品未经同意和备案不得带离实训室，违者除追回物品外，要批评教育，丢失要赔偿。

（2）归还。

1）实训结束，应及时收装仪器、工具、清除接触土地的部件（脚架、尺垫等）上的泥土，送还仪器室检查验收。如有遗失和损坏，应写出书面报告说明情况，进行登记，并应按照有关规定赔偿。

2）由各组小组长归还仪器，仪器应由检验教师检验各部件功能完好后，点清方可将仪器交还仪器室，并由小组长签字，最后全班归还后再由指导教师或课代表签字离开。

1.4　仪器、工具丢失与损坏赔偿规定

（1）加强仪器设备管理。加强全院师生员工爱护国家财产的责任心，加强仪器设备管理，维护仪器设备的完整、安全和有效使用，避免损坏和丢失，以保证教学、科研的顺利进行，特制定此规定。

1）使用、保管单位和全校师生员工应自觉遵守学院有关规章制度，遵守仪器设备安全操作规程，做好经常性的检查维护工作，严格执行岗位责任制。

2）仪器设备发生损坏和丢失，应主动保护现场，报告单位领导、保卫处。要迅速查明原因，明确责任，提出处理意见，按管理权限报请审批。

（2）由于下列原因造成仪器设备的损坏和丢失，均属责任事故：

1）不遵守规章制度，违反操作规程；

2）未经批准擅自动用、拆卸造成损失；

3）领取仪器后操作时不负责任，离开仪器现场造成仪器摔坏及严重损失；

4）主观原因不按操作规程造成仪器部件损坏或严重损失的。

（3）凡属责任事故，均应赔偿经济损失。损失价值的计算方法如下：

1）损坏部分零部件，按修理价格赔偿；

2）修复后质量、性能下降，按质量情况计算损失价值；

3）部分零件摔坏仪器按修理价格赔偿，并按折旧价计算赔偿价值；

4）丢失、严重摔坏仪器的应照价赔偿。

（4）赔偿经济损失。

1）根据情节轻重、责任大小、损失程度酌情确定，并可给予一定的处分。责任事故的处理应体现教育与惩罚相结合，以教育为主的原则。

2）事故赔偿费由学校财务处统一收回，按规定使用。

1.5　注意事项

测量仪器属于比较贵重的设备，尤其目前测量仪器定向精密光学、电子化方向发展。

其功能日益先进，其价值也更高。对测量仪器的正确使用、精心爱护和科学保养，是从事测量工作的人员必须具备的素质和应该掌握的技能，也是保证测量成果的质量、提高工作效率、发挥仪器性能和延长其使用年限的必要条件。

(1)携带仪器时，注意检查仪器箱是否扣紧、锁好，提环、背带是否牢固，远距离携带仪器时，应将仪器背在肩上。

(2)开箱时，应将仪器箱放置平稳。开箱时，记清仪器在箱内的安放位置及姿态，以便用后按原样装箱。提取仪器时或持握仪器时，应双手持握仪器基座或支架部分，严禁手提望远镜及易损的薄弱部位。安装仪器时，应首先调节好三脚架高度，拧紧架腿伸缩锁定螺钉；保持一手握住仪器，另一手拧连接螺旋，使仪器与三脚架牢固连接；仪器取出后，应关好仪器箱，仪器箱严禁坐人。

(3)作业时，严禁无人看管仪器。观测时应撑伞，严防仪器日晒、雨淋。对于电子测量仪器，在任何情况下均应撑伞防护。若发现透镜表面有灰尘或其他污物，应用柔软的清洁刷或镜头纸清除，严禁用手帕、粗布或其他纸张擦拭，以免磨损镜面。观测结束应及时套上物镜盖。

(4)各制动旋钮勿拧得过紧，以免损伤；转动仪器时，应先松开制动螺旋，然后平稳转动；脚螺旋和各微动旋钮勿旋至尽头，即应使用中间的一段螺纹，防止失灵。仪器发生故障时，不得擅自拆卸；若发现仪器某部位呆滞难动，切勿强行转动，应交给指导老师或实验管理人员处理，以防损坏仪器。

(5)仪器的搬迁。近距离搬站，应先检查连接螺旋是否牢靠，放松制动螺旋，收拢脚架，一手握住三脚架放在肋下，另一手托住仪器，放置胸前小心搬移，严禁将仪器扛在肩上，以免碰伤仪器。若距离较远或难行地段，必须装箱搬站。对于电子经纬仪，必须先关闭电源，再行搬站，严禁带电搬站。迁站时，应带走仪器所有附件及工具等，防止遗失。

(6)仪器的装箱。实训结束后，仪器使用完毕，应清除仪器上的灰尘，套上物镜盖，松开各制动螺旋，将脚螺旋调至中段并使大致同高，一手握住仪器支架或基座，另一手松连接螺旋使与三脚架脱离，双手从三脚架头上取下仪器。仪器装箱时，应放松各制动螺旋，按原样将仪器放回；确认各部分安放妥帖后，再关箱扣上搭扣或插销，上锁。最后清除箱外的灰尘和三脚架上的泥土。

1.6 成绩考核办法

建筑工程测量实训是建筑工程测量课堂教学期间每一项操作技能讲授之后安排的实际操作训练，是学生加深知识理解、锻炼技能的必要途径，每个测量实训项目均附有记录表格，学生应根据实训要求记录，并做相关计算，在每次实训结束时提交实训项目的成绩，根据学生在实训过程中的表现，综合评定。实训效果注重工作态度、团结协作，学习的积极性、主动性、责任心。评价包括自我评价、同学互评、教师评价，按比例进行综合评价，并以不小于40%的比例计入期末总成绩。

模块2 建筑工程测量单项实训任务指导

实训项目1 水准测量

1.1 水准仪的认识、使用

班级：＿＿＿＿＿＿ 姓名：＿＿＿＿＿＿ 学号：＿＿＿＿＿＿ 工号：＿＿＿＿＿＿ 日期：＿＿＿＿＿＿ 测评等级：＿＿＿＿＿＿

实训任务	水准仪的认识、使用		教学模式			
建议学时	4学时		教学地点			
任务描述	小李是我校大三学生，今年在一家建筑单位参加顶岗实习，工作岗位是测量员。上班后接到任务，根据××市第×测绘分院提供的 $BM_A=35.314$ m，$BM_B=35.097$ m 及 $BM_C=35.386$ m 三个高程控制点，采用环线闭合的方法，将外侧水准点引测至场内，向建筑物四周墙上引测固定高程控制点为 35.100 m，东侧设一个点，南侧设四个点。小李是在大一学习了土木工程测量课程，小李拿到仪器后，首先要熟悉仪器的构造和使用。那么引测固定高程控制点需要什么仪器呢？该如何操作					
学习目标	1. 认识水准仪构造及各部件的作用； 2. 熟练掌握水准仪的安置、粗略整平、调焦照准和读数； 3. 正确掌握水准仪操作要领					
学习准备	1. 每一实训小组6人，选1名小组长，负责仪器领取、保管及交还，成果报告收发； 2. 仪器工具：DS3水准仪1台、水准尺两把、三脚架1个					
教学实施	工作岗位	时间	时间	时间	时间	时间	时间
	操作仪器1(1人)						
	操作仪器2(1人)						
	操作仪器3(1人)						
	工具管理(1人)						
	安全监督(1人)						
	质量检验(1人)						
实训注意	1. 在实训期间仪器跟前不准离人，以防人为的跑动碰倒仪器，或大风刮倒仪器； 2. 仪器安放到三脚架上或取下时，要一手先握住仪器，另一手再拧连接螺旋，以防仪器摔落； 3. 正确使用仪器各部分螺旋，应注意对螺旋不能用力强拧，以防损坏； 4. 操作过程中应将仪器盒盖好； 5. 操作仪器时，不能骑着架腿					

1.1.1　DS3型自动安平水准仪的构造

水准仪主要由望远镜、水准器和基座三部分构成。仪器的上部有望远镜、水准管、水准管气泡观察窗、圆水准器、目镜及物镜对光螺旋、制动螺旋、微动及微倾螺旋等。

图1.1所示为我国生产的DS3型自动安平水准仪的补偿器的构造。在该仪器的调焦透镜和十字丝分划之间装置一个补偿器，这个补偿器由固定在望远镜筒上的屋脊棱镜及金属丝悬吊的两块直角棱镜所组成，并与空气阻尼器相连接。

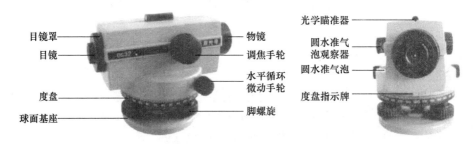

左图标注：目镜罩、目镜、度盘、球面基座、物镜、调焦手轮、水平循环微动手轮、脚螺旋

右图标注：光学瞄准器、圆水准气泡观察器、圆水准气泡、度盘指示牌

图1.1　自动安平补偿器的构造

1. 望远镜

望远镜是用来精确瞄准远处目标和提供水平视线进行读数的设备，如图1.2所示。它主要由物镜、目镜、调焦透镜及十字丝分划板等组成。从目镜中看到的是经过放大后的十字丝分划板上的像。

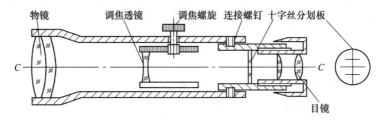

标注：物镜、调焦透镜、调焦螺旋、连接螺钉、十字丝分划板、目镜

图1.2　水准仪望远镜

物镜的作用：和调焦透镜一起使远处的目标在十字丝分划板上形成缩小的实像。转动物镜调焦螺旋，可使不同距离的目标的成像清晰地落在十字丝分划板上。

目镜的作用：转动目镜螺旋，可使十字丝影像清晰。

十字丝分划板是一块刻有分划线的透明的薄平玻璃片，是用来准确瞄准目标的，中间一根长横丝称为中丝；与之垂直的一根丝称为竖丝；在中丝上下对称的两根与中丝平行的短横丝称为上、下丝(又称观距丝)，如图1.3所示。在水准测量时，用中丝在水准尺上进行前、后视读数，以计算高差；用上、下丝在水准尺上读数，以计算水准仪至水准尺的距离（视距）。

物镜光心与十字丝交点的连线构成望远镜的视准轴，如图1.2中的CC所示。水准测量是在视准轴水平时，用十字丝的中丝截取水准尺上的读数。可见观测的视线即视准轴的延长线。

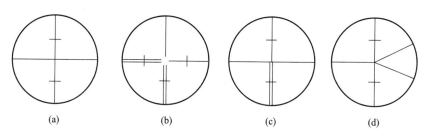

(a)　　　　(b)　　　　(c)　　　　(d)

图1.3　水准仪十字丝

2. 水准器

水准器是用来整平仪器、指示视准轴是否水平，供操作人员判断水准仪是否安平的重要部件。其可分为圆水准器和管水准器两种。

（1）圆水准器。圆水准器是一封闭的玻璃圆盒，盒内部装满乙醚溶液，密封后留有气泡，如图1.4所示。圆水准器用于仪器的粗略整平。

（2）管水准器。管水准器又称为水准器，是一纵向内壁磨成圆弧形的玻璃管，管内装有酒精和乙醚的混合液，加热融封冷却后留有一个气泡。由于气泡较轻，故恒处于管内最高位置。

3. 基座

基座的作用是支承仪器的上部并通过连接螺旋使仪器与三脚架相连。基座位于仪器下部，主要由轴座、脚螺旋、底板、三角形压板构成。仪器上部通过竖轴插入轴座内旋转，并由基座承托。脚螺旋用于调节圆水准气泡的居中。底板通过连接螺旋与三脚架连接，如图1.5所示。

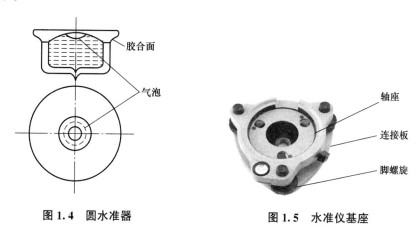

图1.4　圆水准器　　　　图1.5　水准仪基座

除上述部件外，水准仪还装有制动螺旋、微动螺旋和微倾螺旋。

（1）制动螺旋：用于固定仪器。

（2）微动螺旋：当仪器固定不动时，可转动微动螺旋使望远镜在水平方向做微小转动，用以精确瞄准目标。

（3）微倾螺旋：可使望远镜在竖直面内微动，圆水准气泡居中后，转动微倾螺旋使管水准器气泡影像符合，这时即可利用水平视线读数。

1.1.2　水准尺

水准尺是水准测量时使用的标尺。常用的水准尺有双面尺和塔尺两种。

（1）双面尺多用于三、四等水准测量，其长度为 3 m，两根尺为一对。尺的两面均有刻划，一面为红白相间，称为红面尺；另一面为黑白相间，称为黑面尺（也称主尺），两面的最小刻划均为 1 cm，并在分米处注字。两根尺的黑面均由零开始；而红面，一根由 4.687 m 开始至 7.687 m，另一根由 4.787 m 开始至 7.787 m；其目的是避免观测时的读数错误，便于校核读数。同时用红、黑两面读数求得高差，可进行测站检核计算。

（2）塔尺仅用于等外水准测量。一般由两节或三节套接而成，其长度有 3 m 和 5 m 两种。塔尺可以伸缩，尺的底部为零点。尺上黑白格相间，每格宽度为 1 cm，有的为 0.5 cm，每格小格宽度为 1 mm，米和分米处皆注有数字。数字有正字和倒字两种。数字上加红点表示米数。

1.1.3　尺垫

尺垫用于在转点处放置水准尺，其作用是防止点位移动和水准尺下沉。如图 1.6 所示，尺垫用生铁铸成，一般为三角形，中间有一凸起的半球体，下方有三个支脚。

使用时将支脚牢固地踏入土中，以防下沉。上方凸起的半球形顶点作为竖立水准尺和标志转点。

图 1.6　尺垫

1.1.4　水准仪的使用

目前，工程中使用的自动安平水准仪较为普遍，使用自动安平水准仪的基本操作程序：安置仪器→粗略整平（粗平）→瞄准→读数。

1. 水准仪的安置

将水准仪安置在前后视距大约相等的测站中间点上。松开三个架脚的固定螺旋，提起架头使三个架脚的架腿一样高，拧紧三个架脚的固定螺旋，打开三脚架使架头水平。打开仪器箱安置水准仪，如图 1.7 所示。

如在松软的施工现场，通常是先将脚架的两条腿取适当高度位置安置好，脚踏铁脚踩入土中，然后松开第三只脚腿的固定螺旋调节架腿长度使架头大致水平，并用脚踏实，使仪器稳定。如果地面比较坚实，如公路上、城镇中有铺装面的街道上等，可以不用脚踏。当地面倾斜较大时，应将三脚架的一个脚安置在倾斜方向上，将另外两个脚安置在与倾斜方向垂直的方向这样可以使仪器比较稳固。

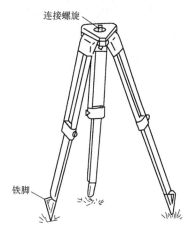

图 1.7　三脚架

2. 粗略整平

粗略整平也称为粗平，是通过调节仪器的脚螺旋，使圆水准器的气泡居中，以达到仪器竖轴大致铅直，视准轴粗略水平的目的。

基本方法：用两手分别以相对方向转动两个脚螺旋，此时气泡移动方向与左手大拇指旋转时的移动方向相同，如图 1.8(a)所示。然后转动第三个脚螺旋使气泡居中，如图 1.8(b)所示。在操作熟练以后，不必将气泡的移动分解为两步，而可以转动两个脚螺旋直接导致气泡居中，如图 1.8(c)所示。

需要注意的是，在整平的过程中，气泡移动的方向与左手大拇指转动的方向一致。

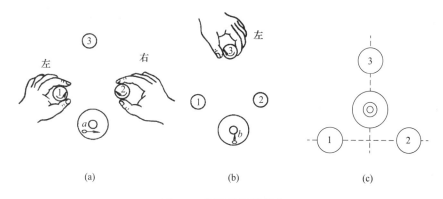

图 1.8　粗略整平的操作

3. 调焦照准

瞄准就是使望远镜对准水准尺，清晰地看到目标和十字丝成像，以便准确地进行水准尺读数。

(1)进行目镜调焦，把望远镜对向明亮的背景，转动目镜调焦螺旋，使十字丝清晰。

(2)转动望远镜，利用镜筒上的瞄准器连线对准水准尺。

(3)转动物镜的调焦螺旋，使水准尺成像清晰。

(4)转动微动螺旋，使十字丝的纵丝对准水准尺的像。

瞄准时应注意消除视差。眼睛在目镜处上下左右做少量的移动，发现十字丝和目标有相对的运动，这种现象称为视差。测量作业是不允许存在视差的，因为这说明不能判明是否精确地瞄准了目标。

产生视差的原因是目标通过物镜之后的影像没有与十字丝分划板重合，如图 1.9(a)、(b)所示：人眼位于中间位置时，十字丝交点 O 与目标的像 a 点重合；当眼睛略为向上，O 点又

与 b 点重合；当眼睛略为向下时，O 点便与 c 点重合了。如果连续使眼睛上下移动，就好像看到 O 点在目标的像上面运动一样。图 1.9(c) 所示为没有视差的情况。

消除视差的方法是仔细进行目镜调焦和物镜调焦，直至眼睛上下移动时读数不变为止。

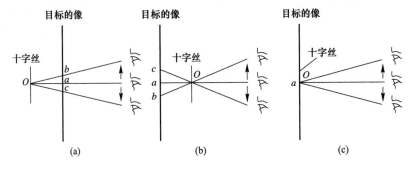

图 1.9 十字丝视差

4. 读数

当确认气泡符合后，应立即用十字丝横丝在水准尺上读数。读数前要认清水准尺的注记特征，读数时按由小到大的方向，读取米、分米、厘米、毫米四位数字，如是双面尺读数，最后一位毫米估读。读数为 1.338，习惯上不读小数点，只念 1 338 四位数字，即以毫米为单位，2.000 m 或读 2 000，0.068 m 或读 0 068。

1.1.5 一个测站水准测量

(1)安置仪器于 AB 之间，立尺于 A、B 点上；

(2)粗略整平；

(3)瞄准 A 尺，精平、读数 a，记录 1.586 m；

(4)瞄准 B 尺，精平、读数 b，记录 1.471 m；

(5)计算：$h_{AB} = a - b = 1.586 - 1.471 = 0.115$(m)；即 B 点比 A 点高 0.115 m，如图 1.10所示。

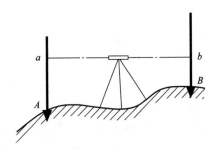

图 1.10 水准测量

1.2.1 实训过程及学习记录

1. 水准仪构造

熟悉水准仪各部件构造、名称、位置及各部件的作用，填写水准仪各组成部分及其功能表(表 1.1)。

表 1.1 自动安平水准仪各组成部分及其功能

序号	部件名称	作用
1	瞄准器	
2	目镜	
3	物镜调焦螺旋	
4	水平微动螺旋	
5	脚螺旋	
6	圆水准器	

2. 水准仪使用方法及步骤(表 1.2)

表 1.2 水准仪的使用四步骤操作要领

序号	操作步骤	操作要点	
1	安置仪器	①三脚架的高度	
		②三脚架的架头	
		③三脚架的架腿	
2	粗略整平	①脚螺旋调节方法	
		②圆水准气泡移动方向	
3	瞄	①调节目镜的作用	
		②瞄准器作用	
		③调节物镜作用	
		④精确照准操作	
4	读数	①读数方向	
		②读数位数	

3. 普通水准测量观测(表 1.3)

表 1.3　水准测量手簿

测站	点号	后视读数/m	前视读数/m	高差/m	备注：观测员、记录员、立尺人
1					
2					
3					
4					
5					
6					
计算检核		$\sum a =$	$\sum b =$	$\sum h =$	
		$\sum a - \sum b =$			

1.2.2　实训过程检验

1. 水准测量时如何安置水准仪位置?

2. 如何检查视差?

3. 视差消除的办法有哪些?

1.2.3 实训效果评价

1. 自我评价

实训项目			实训人员		
小组编号			自评得分		
序号	评估项目	分值	实训要求		评定分数
1	任务完成情况	20	按要求完成实训任务		
2	规范使用仪器	20	正确操作仪器、文明实训、仪器未损坏		
3	操作精度、速度	30	工作态度严谨、精益求精、成果满足限差要求		
4	实训纪律	10	按时实训、遵守课堂纪律		
5	团结合作	20	服从组长安排、能配合其他组员工作		
实训总结： 1. 学到的知识、技能点： 2. 不理解的知识点：					

2. 同学互评

实训项目			实训人员		
小组编号			互评得分		
序号	评估项目	分值	实训要求		评定分数
1	实训纪律	20	不迟到早退		
2	安全操作	20	安全操作仪器、仪器未损坏		
3	工作态度	20	学习积极主动、有责任心		
4	团队精神	40	有效沟通、主动帮助他人、接受工作分配		
小组评语及建议： 小组成员：				评价时间：	

3. 教师评价

实训项目			实训人员		
小组编号			教师评价得分		
序号	评估项目	分值	实训要求		评定分数
1	操作程序	20	操作动作规范、操作程序正确		
2	操作速度	20	操作速度快、按时完成实训任务		
3	操作精度	20	观测精度符合精度要求		
4	数据记录	10	记录规范、无转抄、涂改、抄袭		
5	团结合作	20	服从组长安排、能配合其他组员工作		
6	实训纪律	10	按时实训、遵守课堂纪律		

教师评语及建议：

1. 存在的问题：

2. 评语及建议：

指导教师：   评价时间：

1.3　水准仪的检验与校正、水准测量检核方法

班级：_____　姓名：_____　学号：_____　工号：_____　日期：_____　测评等级：_____

实训任务	水准仪检验与校正	教学模式	
建议学时	2 学时	教学地点	
任务描述	小李拿到了一台自动安平水准仪，通过短时间的熟悉，基本掌握仪器的操作要领。但刘经理要求小李先对仪器进行检验，看仪器有没有问题。如果仪器检验不满足条件，就没办法保证高程测设精度，建筑物施工也就无法正常进行。所以，小李要先检验仪器是否满足要求，记录检验结果，并对一个测站的观测进行检验		
学习目标	1. 认识水准仪主要轴线及其应满足的几何条件； 2. 掌握水准仪检验与校正方法； 3. 判断水准仪是否能正常进行观测； 4. 两次变动仪器高法检核水准测量精度		
学习准备	1. 每一实训小组 7 人，选 1 名小组长，负责仪器领取、保管及交还，成果报告收发； 2. 仪器工具：自动安平水准仪 1 台、水准尺 1 对、三脚架 1 个、铅笔、记录板等		

教学实施	工作岗位	时间	时间	时间	时间	时间	时间
	操作仪器(1 人)						
	扶水准尺(2 人)						
	记录计算(1 人)						
	工具管理(1 人)						
	安全监督(1 人)						
	质量检验(1 人)						

实训注意	1. 校正结束后，各校正螺钉应处于稍紧状态。 2. 仪器如果出现异常情况，应记录下来找专业人员校正，不得自行处理。 3. 连续水准测量时，一个测站观测完成后，前视尺一定不要动，要原地掉转水准尺，因为此点起着传递高程的作用。 4. 尺垫应安放在转点上，所有已知水准点和待求高程点上不能放置尺垫

🔑 知识要点

1.3.1　水准仪要满足几何条件

(1)水准仪的轴线：

1)望远镜的视准轴 CC；

2)圆水准轴 $L'L'$；

3)仪器的竖轴 VV。

(2)水准仪的应满足的几何条件：

1)圆水准轴 $L'L'$ // 竖轴 VV；

2)十字丝横丝垂直于竖轴。

以上这些条件，在仪器出厂前已经严格检校，都是满足的，但是由于仪器长期使用和运输中的振动等原因，可能使某些部件松动，上述各轴线间的关系会发生变化。因此，为保证水准测量质量，在正式作业之前，必须对水准仪进行检验校正。

1.3.2　水准仪的检验与校正

(1)圆水准器的检验与校正，使圆水准器轴平行于竖轴，即 $L'L'$ // VV。

1)整平：转动脚螺旋使圆水准器气泡居中。

2)检验：将仪器绕竖轴转动 $180°$，如气泡仍然居中，说明使圆水准器轴平行于竖轴，即 $L'L'$ // VV，此条件满足无须校正。

3)正常使用；如果气泡不再居中，说明 $L'L'$ 不平行于 VV，需要校正。

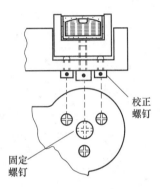

图 1.11　圆水准器校正螺栓

4)校正：

①旋转脚螺旋使气泡向中心移动偏离值的一半；

②拨圆水准器上校正螺旋，使气泡退回另一半居中，这样就消除了圆水准器轴与竖轴间的夹角，如图 1.11 所示，达到了使 $L'L'$ // VV 平行的目的。

(2)十字丝横丝的检验与校正，当仪器整平后，十字丝的横丝应水平，即横丝应垂直于竖轴。

整平仪器，将望远镜十字丝交点至于墙上一点 P，固定制动螺旋，转动微动螺旋。如果 P 点始终在横丝上移动，则表明横丝水平；如果 P 点不在横丝上移动(图 1.12)，表明横丝不水平，需要校正。

校正：松开四个十字丝环的固定螺钉，如图 1.13 所示，按十字丝倾斜方向的反方向微微转动十字丝环座，直至 P 点的移动轨迹与横丝重合，表明横丝水平。校正后将固定螺钉拧紧。

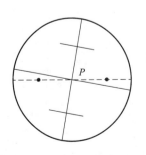

图 1.12　十字丝横丝的检验

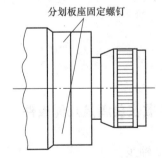

图 1.13　十字丝横丝的校正

1.3.3 连续水准测量方法

已知水准点 BM_A 的高程 $H_A = 19.153$ m，欲测定距水准点 BM_A 较远的 BM_B 点高程，按普通水准测量的方法，由点 BM_A 出发共需设 4 个测站，连续安置水准仪测量出各站两点之间的高差。观测步骤如下：

如图 1.14 所示，第一测站结束之后，记录员招呼后立尺员向前转移，并将仪器迁至第二测站。此时，第一测站的前视点便成为第二测站的后视点。依第一测站相同的工作程序进行第二测站的工作，依次沿水准路线方向施测直至全部路线观测完为止。观测记录与计算见表 1.4。

对于记录表中每一项所计算的高差和高程要进行计算检核。即后视读数总和减去前视读数总和、高差之和及 BM_B 点高程与 BM_A 点高程之差值，这三个数字应当相等；否则计算有误。

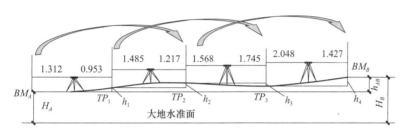

图 1.14　连续水准测量

表 1.4　水准测量手簿

日期：_____　　仪器：_____　　观测：_____

天气：_____　　地点：_____　　记录：_____

测站	点号	后视读数/m	前视读数/m	高差/m	高程/m	备注
1	BM_A	1.312			19.153	已知
	TP_1		0.953	+0.359		
2	TP_1	1.485				
	TP_2		1.217	+0.268		
3	TP_2	1.568				
	TP_3		1.745	−0.177		
4	TP_3	2.048				
	BM_B		1.427	+0.621	20.224	
计算检核		$\sum a = 6.413$	$\sum b = 5.342$	$\sum h = 1.071$	20.224 −19.153	
		\multicolumn{2}{} $\sum a - \sum b = 1.071$		1.071	

1.3.4　测站检验方法

在连续水准测量时，若其中任何一个后视或前视读数有错误，都要影响高差的准确性。对于每一测站而言，为了校核每次水准尺读数有无差错，可采用变动仪器高的方法进行测站检核。

变动仪器高法是在同一测站通过调整仪器高度（重新安置与整平仪器），两次测得高差，改变仪器高度在 0.1 m 以上；当两次测得高差的差值不超过容许值（如等外水准测量容许值为 ±5 mm），则取两次高差平均值作为该站测得的高差值。否则需要检查原因，重新观测。

1.4	水准测量实训报告二　水准仪检验与校正、水准测量检核方法实训

1.4.1　实训过程及学习记录

1. 水准仪一般检查(表1.5)

表1.5　水准仪一般检查记录表

序号	检验项目	检验结果
1	微动螺旋是否正常	
2	目镜是否正常	
3	物镜对焦螺旋是否正常	
4	望远镜转动是否灵活	
5	脚螺旋是否有效	

2. 水准仪的轴线检验与校正(表1.6)

表1.6　水准仪轴线检验结果

序号	检验项目	检验结果		
			误差值	是否需要校正
1	圆水准器轴的检验与校正	气泡是否偏离		
2	十字丝横丝垂直于竖轴的检验与校正	目标是否偏离		

3. 变动仪器高法水准测量(表1.7)

表1.7 变动仪器高法水准测量观测记录

测站	点号	后视度数/m	前视度数/m	高差/m	观测高差差值/m (容许值为±5 mm)	高差平均值 /m
1	A					
	TP_1					
	TP_1					
	A					
2	TP_1					
	TP_2					
	TP_2					
	TP_1					
3	TP_2					
	TP_3					
	TP_3					
	TP_2					
4	TP_3					
	B					
	B					
	TP_3					
$\sum h =$						

1.4.2 实训过程检验

1. 水准测量前，水准尺需要检验吗？采用什么方法可以消除尺子零点差带来的误差？

2. 变动仪器高法观测顺序是什么？

1.4.3 实训效果评价

1. 自我评价

实训项目				实训人员	
小组编号				自评得分	
序号	评估项目	分值		实训要求	评定分数
1	任务完成情况	20		按要求完成实训任务	
2	规范使用仪器	20		正确操作仪器、文明实训、仪器未损坏	
3	操作精度、速度	30		工作态度严谨、精益求精、成果满足限差要求	
4	实训纪律	10		按时实训、遵守课堂纪律	
5	团结合作	20		服从组长安排、能配合其他组员工作	

实训总结：

1. 学到的知识、技能点：

2. 不理解的知识点：

2. 同学互评

实训项目				实训人员	
小组编号				互评得分	
序号	评估项目	分值	实训要求		评定分数
1	实训纪律	20	不迟到早退		
2	安全操作	20	安全操作仪器、仪器未损坏		
3	工作态度	20	学习积极主动、有责任心		
4	团队精神	40	有效沟通、主动帮助他人、接受工作分配		
小组评语及建议：					
小组成员：				评价时间：	

3. 教师评价

实训项目				实训人员	
小组编号				教师评价得分	
序号	评估项目	分值	实训要求		评定分数
1	操作程序	20	操作动作规范、操作程序正确		
2	操作速度	20	操作速度快、按时完成实训任务		
3	操作精度	20	观测精度符合精度要求		
4	数据记录	10	记录规范、无转抄、涂改、抄袭		
5	团结合作	20	服从组长安排、能配合其他组员工作		
6	实训纪律	10	按时实训、遵守课堂纪律		
教师评语及建议： 1. 存在的问题： 2. 评语及建议：					
指导教师：				评价时间：	

1.5　普通水准测量

班级：_____　姓名：_____　学号：_____　工号：_____　日期：_____　测评等级：_____

实训任务	普通水准测量	教学模式	
建议学时	4学时	教学地点	
任务描述	小李完成了仪器检验，各项检验都满足要求，可以正常进行观测。要完成高程测设任务，需要采用闭合水准路线进行观测。如何进行闭合水准路线观测、并利用内业计算各待定点高程？小李需要熟练水准路线进行观测方法，了解水准测量内业处理方法		
学习目标	1. 熟练掌握水准仪使用步骤； 2. 掌握闭合水准路线观测方法； 3. 掌握水准测量内业处理方法； 4. 了解水准路线观测相关规定		
学习准备	1. 每一实训小组7人，选1名小组长，负责仪器领取、保管及交还，成果报告收发； 2. 仪器工具：自动安平水准仪1台、塔尺1对、三脚架1个、铅笔、记录板等		

教学实施	工作岗位	时间	时间	时间	时间	时间	时间
	操作仪器（1人）						
	扶水准尺（2人）						
	记录计算（1人）						
	工具管理（1人）						
	安全监督（1人）						
	质量检验（1人）						

| 实训注意 | 1. 在施测过程中，应严格遵守操作规程。观测、记录、扶尺一定要互相配合好，才能保证测量工作顺利进行。
2. 记录应在观测读数后，一边复诵校核、一边立即记入表格，及时计算出高差。
3. 放置水准仪时，前后视距相等，即水准仪安置在前后视尺连线的垂直平分线上。
4. 读数时水准尺必须竖直，有圆水准器的尺子应使气泡居中；读数后，记录者必须当场计算，测站检核无误，方可迁站。
5. 尺垫顶部和水准尺底部不应沾带泥土，以降低对读数的影响；
6. 仪器迁站，要注意不能碰动转点上的尺垫；
7. 前后视线长度一般不超过100 m，视线距离地面高度一般不应小于0.3 m |

1.5.1 普通水准测量方法

在水准测量中，为了避免观测、记录和计算中发生人为粗差，并保证测量成果能达到一定的精度要求，必须布设某种形式的水准路线，利用一定的条件来检验所测成果的正确性。在一般的工程测量中，水准路线主要有以下三种形式：

（1）附合水准路线［图1.15(a)］适用狭长区域布设。

（2）闭合水准路线［图1.15(b)］适用开阔区域布设。

（3）支水准路线［图1.15(c)］适用补充测量。

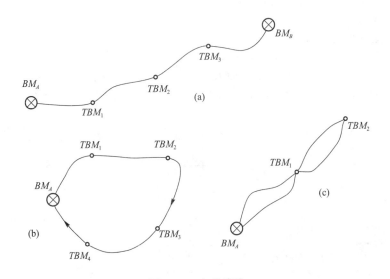

图 1.15　水准路线

(a)附合水准路线；(b)闭合水准路线；(c)支水准路线

1.5.2 普通水准测量内业计算的方法

普通水准测量外业观测结束后，首先应复查与检核记录手簿，计算各点间高差。经检核无误后，根据外业观测的高差计算闭合差。若闭合差符合规定的精度要求，则调整闭合差，最后计算各点的高程。

1. 等外水准测量的高差闭合差容许值

不同等级的水准测量，对高差闭合差的容许值有不同的规定。等外水准测量的高差闭合差容许值见表1.8。

表 1.8　等外水准测量的高差闭合差容许值

等级	等外水准测量的高差闭合差容许值	
	平原	山区
等外	$\pm 40\sqrt{L}$	$\pm 12\sqrt{n}$

注：1. 当每千米水准路线的测站数超过 16 站时，采用山丘地区容许值，式中 n 为水准路线的测站总数。

　　2. 施工中，如设计单位根据工程性质提出具体要求时，应按要求精度施测，即 $f_h \leqslant f_{h容}$

2. 三种水准路线的高差闭合差

(1) 附合水准路线：　　$f_h = \sum h_测 - \sum h_理 = \sum h_测 - (H_终 - H_始)$

(2) 闭合水准路线：　　$f_h = \sum h_测 - \sum h_理 = \sum h_测$

(3) 支水准路线：　　　$f_h = \sum h_往 + \sum h_返$

3. 闭合水准路线的观测及成果计算

(1) 计算闭合差。

(2) 检核：　　　　　　$f_h \leqslant f_{h允}$

(3) 计算高差改正数：　$v_i = \dfrac{f_h}{\sum l} \times l_i \quad v_i = -\dfrac{f_h}{\sum n} \times n_i$

(4) 计算改正后高差：　$h_{i改} = h_i + v_i$

(5) 计算各测点高程：　$H_i = H_{i-1} + h_{i改}$

1.5.3　闭合水准路线成果计算

如图 1.16 所示，水准点 BM_A 高程为 44.856 m，1、2、3 点为待定高程点，各段高差及测站数均注于图 1.16 中。图中箭头表示水准测量进行方向。按高程推算顺序将各点号、测站数、实测高差及已知高程填入表 1.9 中相应栏目。

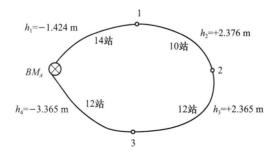

$h_1 = -1.424$ m　　14站　　10站　　$h_2 = +2.376$ m

BM_A

$h_4 = -3.365$ m　　12站　　12站　　$h_3 = +2.365$ m

图 1.16　闭合水准路线观测

表 1.9　闭合水准测量成果计算表

测段编号	点名	测站数	实测高差/m	改正数/m	改正后高差/m	高程/m	备注
1	BM_A	14	−1.424	+0.014	−1.410	44.856	
2	1	10	+2.376	+0.010	+2.386	43.446	
3	2	12	+2.365	+0.012	+2.377	45.832	
4	3	12	−3.365	+0.012	−3.353	48.209	
	BM_A					+44.856	
$\sum$		48	−0.048	+0.048	0.000		
辅助计算	$f_h = -48$ mm, $f_容 = \pm12\sqrt{35} = \pm71$(mm)，$f_h \leqslant f_{h容}$，满足精度要求。 $\sum n = 48, -\dfrac{f_h}{\sum n} = -1.0$ mm						

26

1.6.1 实训过程及学习记录

1. 闭合路线水准测量

如图 1.17 所示，选择一条闭合水准路线，已知水准点的高程为 200 m，测点不少于 3 个，总测站为 16 个，检验精度是否在允许范围之内。填写表 1.10 水准测量观测手薄。

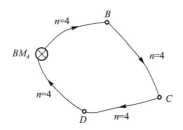

图 1.17 闭合水准路线观测路线布置

表 1.10 水准测量观测手簿

日期＿＿＿＿＿＿＿＿＿＿＿＿　　　仪器＿＿＿＿＿＿＿＿＿＿＿＿　　　观测＿＿＿＿＿＿＿＿＿＿＿＿

天气＿＿＿＿＿＿＿＿＿＿＿＿　　　地点＿＿＿＿＿＿＿＿＿＿＿＿　　　记录＿＿＿＿＿＿＿＿＿＿＿＿

测站	点号	后视读数/m	前视读数/m	高差/m	备注(观测成员安排) 观测员、记录员、立尺人
1	BM_A				
	TP_1				
2	TP_1				
	TP_2				
3	TP_2				
	TP_3				
4	TP_3				
	B				

测站	点号	后视读数/m	前视读数/m	高差/m	备注(观测成员安排) 观测员、记录员、立尺人
5	B				
	TP_4				
6	TP_4				
	TP_5				
7	TP_5				
	TP_6				
8	TP_6				
	C				
9	C				
	TP_7				
10	TP_7				
	TP_8				
11	TP_8				
	TP_9				
12	TP_9				
	D				
13	D				
14	TP_{10}				
15	TP_{10}				
	TP_{11}				
16	TP_{11}				
	TP_{12}				
	TP_{12}				
	BM_A				
计算检核	$h_{AB}=$ m; $h_{BC}=$ m; $h_{CD}=$ m; $h_{DA}=$ m; $\sum h=$				

2. 闭合水准路线成果计算(表 1.11)

表 1.11　闭合水准测量成果计算表

测段编号	点名	测站数	实测高差/m	改正数/m	改正后高差/m	高程/m	备注
1	BM_A					200.000	
2	B						
	C						
3	D						
4	BM_A						
$\sum$							
辅助计算							

1.6.2　实训过程检验

1. 如何提高水准路线观测精度?

2. 在水准路线观测过程中，一个测段为什么布设偶数站?

1.6.3 实训效果评价

1. 自我评价

实训项目			实训人员		
小组编号			自评得分		
序号	评估项目	分值	实训要求		评定分数
1	任务完成情况	20	按要求完成实训任务		
2	规范使用仪器	20	正确操作仪器、文明实训、仪器未损坏		
3	操作精度、速度	30	工作态度严谨、精益求精、成果满足限差要求		
4	实训纪律	10	按时实训、遵守课堂纪律		
5	团结合作	20	服从组长安排、能配合其他组员工作		
实训总结： 1. 学到的知识、技能点： 2. 不理解的知识点：					

2. 同学互评

实训项目			实训人员		
小组编号			互评得分		
序号	评估项目	分值	实训要求		评定分数
1	实训纪律	20	不迟到早退		
2	安全操作	20	安全操作仪器、仪器未损坏		
3	工作态度	20	学习积极主动、有责任心		
4	团队精神	40	有效沟通、主动帮助他人、接受工作分配		
小组评语及建议： 小组成员：				评价时间：	

3. 教师评价

实训项目			实训人员		
小组编号			教师评价得分		
序号	评估项目	分值	实训要求		评定分数
1	操作程序	20	操作动作规范、操作程序正确		
2	操作速度	20	操作速度快、按时完成实训任务		
3	操作精度	20	观测精度符合精度要求		
4	数据记录	10	记录规范、无转抄、涂改、抄袭		
5	团结合作	20	服从组长安排、能配合其他组员工作		
6	实训纪律	10	按时实训、遵守课堂纪律		

教师评语及建议：

1. 存在的问题：

2. 评语及建议：

指导教师：   评价时间：

班级：＿＿＿＿＿ 姓名：＿＿＿＿＿ 学号：＿＿＿＿＿ 工号：＿＿＿＿＿ 日期：＿＿＿＿＿ 测评等级：＿＿＿＿＿

工作任务	三、四等水准测量	教学模式	
建议学时	4学时	教学地点	

任务描述	经过几天的努力，小李和同事们顺利完成了采用环线闭合的方法将外侧水准点引测至场内的工作任务。并向建筑物四周围墙上引测固定高程控制点为35.100 m，东侧设一个点，南侧设四个点的测设工作。今天小李又接到了新的任务，进行道路工程高程控制测量工作，需要采用三、四等水准测量，小李记得三、四等水准测量的精度要求和观测方法与普通水准测量都不相同。具体如何操作，小李要仔细琢磨一下
学习目标	1. 学会三、四等水准测量的观测方法； 2. 掌握三、四等水准测量的记录、计算方法； 3. 了解三、四等水准测量的精度要求及重测原则
学习准备	1. 每一实训小组7人，选1名小组长，负责仪器领取、保管及交还，成果报告收发； 2. 仪器工具：水准仪仪1台、双面尺1对、三脚架1个、计算器、铅笔、记录表格、草稿纸等

教学实施	工作岗位	时间	时间	时间	时间	时间	时间
	操作仪器(1人)						
	扶对中杆(2人)						
	记录计算(1人)						
	工具管理(1人)						
	安全监督(1人)						
	质量检验(1人)						

实训注意	1. 观测前必须对水准仪和水准尺进行检验。双面尺的尺常数有4 687、4 787，成对使用。 2. 测量时，转点处水准尺应安置在尺垫上，并将水准尺扶直。 3. 三等水准测量观测顺序为"后—前—前—后"，其优点是可以大大减弱仪器下沉误差的影响；四等水准测量采用"后—后—前—前"的观测顺序。 4. 在连续各测站上安置水准仪的三脚架时，应使其中两脚与水准路线的方向平行，第三脚轮换置于路线方向的左侧与右侧。 5. 同一测站上观测时，一般不得两次调焦。 6. 三、四等水准测量所使用的仪器，其精度应不低于S3型的精度指标

知识要点

1.7.1 三、四等水准测量的技术要求

(1)高程系统：三、四等水准测量起算点的高程一般引自国家一、二等水准点，若测区附近没有国家水准点，也可建立独立的水准网，这样起算点的高程应采用假定高程。

(2)布设形式：如果是作为测区的首级控制，一般布设成闭合环线；如果进行加密，则多采用附合水准路线或支水准路线。三、四等水准路线一般沿公路、铁路或管线等坡度较小、便于施测的路线布设。

(3)点位的埋设：其点位应选择在地基稳固，能长久保存标志和便于观测的地点，水准点的间距一般为1～1.5 km，山岭重丘区可根据需要适当加密，一个测区一般至少埋设三个以上的水准点。

(4)三、四等水准测量所使用的仪器，其精度应不低于S3型的精度指标。

(5)三、四等水准测量根据《国家三、四等水准测量规范》(GB/T 12898—2009)的精度要求和技术要求列于表1.12中。

表1.12 三、四等水准测量技术要求

等级	仪器类别	视线长度/m	前后视距差/m	任一测站上前后视距差累积/m	视线高度	数字水准仪重复测量次数	黑、红面读数的差/mm	黑、红面所测高差的差/mm
三等	DS3	≤75	≤2	≤5	三丝能读数	≥3次	≤2	≤3
	DS1、DS05	≤100						
四等	DS3	≤100	≤3	≤10	三丝能读数	≥2次	≤3	≤5
	DS1、DS05	≤150						

1.7.2 三、四等水准测量的观测方法

当三、四等水准测量主要使用水准仪进行观测时，水准尺采用整体式双面尺，观测前必须对水准仪和水准尺进行检验。测量时水准尺应安置在尺垫上，并将水准尺扶直。双面尺的尺常数有4 687、4 787，一般成对使用。现以四等水准测量的观测方法和限差进行介绍。

1. 双面尺法每一测站的观测顺序

(1)后视黑面，读取上、下丝读数计算视距、中丝读数，记入"(1)(2)(3)"；

(2)后视红面，读取中丝读数，记入"(4)"；

(3)前视黑面，读取上、下丝读数计算视距、中丝读数，记入"(5)(6)(7)"；

(4)前视红面，读取中丝读数，记入"(8)"。

以上(1)、(2)、(3)、…、(8)表示观测与记录的顺序，见表1.13。这样四等水准测量

采用的观测顺序为"后－后－前－前"。三等水准测量采用的观测顺序为"后－前－前－后"，其优点是可以大大减弱仪器下沉误差的影响，土质松软地区施测采用。当水准路线为闭合环线或附合路线时采用单程测量，支水准路线应进行往返观测。

2. 双面尺法计算和检核

(1)视距计算。

后视距离(15)＝[(1)－(2)]×100

前视距离(16)＝[(5)－(6)]×100

前、后视距差(17)＝(15)－(16)

前、后视距累积差(18)＝上站(18)＋本站(17)

前、后视距差三等水准测量，四等水准测量，不得超过 3 m；前、后视距累积差三等水准测量，四等水准测量，不得超过 10 m。

表 1.13 三四等水准测量观测数据

测自：__BM_1__ 至 __BM_2__　　　　观测者：_____　　　　记 录 者：_____

　　　年　　月　　日　　　　　　　天　气：_____　　　　仪器型号：_____

测站编号	点号	后尺 上丝 下丝 后距 视距差 d	前尺 上丝 下丝 前距 $\sum d$	方向及尺号	标尺读数 黑面	标尺读数 红面	$K+$黑－红 /mm	高差中数	高程
		(1) (2) (15) (17)	(5) (6) (16) (18)	后 前 后－前	(3) (7) (11)	(4) (8) (12)	(10) (9) (13)	(14)	
1	BM_1 ZD_1	1.426 0.995 43.1 +0.1	0.801 0.371 43.0 +0.1	后106 前107 后－前	1.211 0.586 +0.625	5.998 5.273 +0.725	0 0 0	+0.625 0	K 为尺常数，如 $K_{106}=$ 4.787 m，K_{107} = 4.687 m，已知 BM_1 高程为 $H=$ 56.345 m
2	ZD_1 ZD_2	1.812 1.296 51.6 −0.2	0.570 0.052 51.8 −0.1	后107 前106 后－前	1.554 0.311 +1.243	6.241 5.097 +1.144	0 +1 −1	+1.243 5	
3	ZD_2 ZD_3	0.889 0.507 38.2 +0.2	1.712 1.332 38.0 +0.1	后106 前107 后－前	0.698 1.523 −0.825	5.486 6.210 −0.724	−1 0 −1	−0.824 5	
4	ZD_3 BM_2	1.891 1.525 36.6 −0.2	0.758 0.390 36.8 −0.1	后107 前106 后－前	1.708 0.575 +1.133	6.395 5.361 +1.034	0 +1 −1	+1.133 5	

| 检核 | | $\sum$(15)=169.5

$-\sum$(16)=169.6

$=-0.1$(m)

=本页末站之(18)—上页

末站之(18)

$=-0.1$(m)

水准路线总长度

$=\sum$(15)$+\sum$(16)

$=339.1$ m | | $\sum[(3)+(8)]=29.291$

$-\sum[(6)+(7)]=24.935$

$=+4.396$ m

$\sum[(11)+(12)]=+4.396$ m | $\sum$(14)

$=+2.198$

$2\sum$(14)

$=+4.396$ m |

开始时间：_____ 　　　结束时间：_____ 　　　成像：_____

（2）同一水准尺红、黑面中丝读数的检核。同一水准尺红、黑面中丝读数之差，应等于该尺红、黑面的常数差 K（4.687 或 4.787），四等水准测量，不得超过 3 mm。

$$(9)=(7)+K_{107}-(8)$$
$$(10)=(3)+K_{106}-(4)$$

（3）计算黑面、红面的高差。四等水准测量不得超过 5 mm。式内 0.100 为单、双号两根水准尺红面零点注记之差，以米（m）为单位。

黑面高差 $(11)=(3)-(7)$

红面高差 $(12)=(4)-(8)$

校核 $(13)=(11)-[(12)\pm0.100]=(10)-(9)$

（4）计算平均高差。

$$(14)=0.5\times\{(11)+[(12)\pm0.100]\}。$$

3. 每页计算校核

（1）高差部分。在每页上，后视红、黑面读数总和与前视红、黑面读数总和之差，应等于红、黑面高差之和。

对于测站数为偶数的页：

$$\sum\{[(3)+(4)]-[(7)+(8)]\}=\sum[(11)+(12)]=2\sum(14)$$

对于测站数为奇数的页：

$$\sum\{[(3)+(4)]-[(7)+(8)]\}=\sum[(11)+(12)]=2\sum(14)\pm0.100$$

（2）视距部分。在每页上，后视距总和与前视距总和之差应等于本页末站视距差累积值与上页末站视距差累积值之差。校核无误后，可计算水准路线的总长度。

$$\sum(15)-\sum(16)=本页末站之(18)-上页末站之(18)；$$

水准路线总长度 $=\sum(15)+\sum(16)。$

1.7.3　三、四等水准测量的内业计算

当一条水准路线的测量工作完成以后，首先对计算表格中的记录、计算进行详细的检

查，并计算高差闭合差是否超限。确定无误后，才能进行高差闭合差的调整与高程计算，否则要局部返工，甚至要全部返工。

三、四等水准测量的闭合路线或附合路线的成果整理，首先其高差闭合差应满足表 1.14 的要求。然后，对高差闭合差进行调整，若为支水准路线，则满足要求后，取往返测量结果的平均值为最后结果，据此计算水准点的高程。

表 1.14　三、四等水准测量闭合差精度要求

等级	附合路线或环线闭合差	
	平原	山区
三等	$\pm 12\sqrt{L}$	$\pm 15\sqrt{L}$
四等	$\pm 20\sqrt{L}$	$\pm 25\sqrt{L}$
注：山区是指高程超过 1 000 m 或路线中最大高差超过 400 m 的地区		

1.8.1　实训过程及学习记录

填写表 1.15 三、四等水准测量观测记录。

表 1.15　三、四等水准测量观测记录

自_____　　　天气：_____　　　　观测者：_____

测_____

至_____　　　成像：_____　　　　纪录者：_____

2021 年　月　日								
始：时分								
末：时分								

测站编号	点号	后尺 上丝／下丝	前尺 上丝／下丝	方向及尺号	水准尺读数 黑面	水准尺读数 红面	$K+$黑一红 /mm	平均高差 /m	备注
		后视距	前视距						
		视距差 d	$\sum d$						
		1	5		3	8	13		
		2	6		4	7	14	18	
		9	10		16	17	15		
		11	12	$K_1=4\ 787$		$K_2=4\ 687$			
1	BM_1 ZD_1			$A=4\ 687$					
				$B=4\ 787$					
2	ZD_1 BM_2			B					
				A					
3	BM_2 ZD_2			A					
				B					

				B					
4	ZD₂ BM₃			A					
				A					
5	BM₃ ZD₃			B					
				B					
6	ZD₃ BM₁			A					
检核									

1.8.2　实训过程检验

1. 三、四等水准测量观测过程中如何控制前后视距相等？

2. 四等水准测量采用的观测顺序为"后—后—前—前"的优点有哪些？

1.8.3 实训效果评价

1. 自我评价

实训项目			实训人员		
小组编号			自评得分		
序号	评估项目	分值	实训要求		评定分数
1	任务完成情况	20	按要求完成实训任务		
2	规范使用仪器	20	正确操作仪器、文明实训、仪器未损坏		
3	操作精度、速度	30	工作态度严谨、精益求精、成果满足限差要求		
4	实训纪律	10	按时实训、遵守课堂纪律		
5	团结合作	20	服从组长安排、能配合其他组员工作		
实训总结： 1. 学到的知识、技能点： 2. 不理解的知识点：					

2. 同学互评

实训项目			实训人员		
小组编号			互评得分		
序号	评估项目	分值	实训要求		评定分数
1	实训纪律	20	不迟到早退		
2	安全操作	20	安全操作仪器、仪器未损坏		
3	工作态度	20	学习积极主动、有责任心		
4	团队精神	40	有效沟通、主动帮助他人、接受工作分配		
小组评语及建议： 小组成员：				评价时间：	

3. 教师评价

实训项目			实训人员		
小组编号			教师评价得分		
序号	评估项目	分值	实训要求		评定分数
1	操作程序	20	操作动作规范、操作程序正确		
2	操作速度	20	操作速度快、按时完成实训任务		
3	操作精度	20	观测精度符合精度要求		
4	数据记录	10	记录规范、无转抄、涂改、抄袭		
5	团结合作	20	服从组长安排、能配合其他组员工作		
6	实训纪律	10	按时实训、遵守课堂纪律		

教师评语及建议：

1. 存在的问题：

2. 评语及建议：

指导教师：　　　　　　　　　　　　　　　　　　　　　　　　　　评价时间：

实训项目 2 角度测量

2.1 经纬仪的认识、使用

班级：_____ 姓名：_____ 学号：_____ 工号：_____ 日期：_____ 测评等级：_____

实训任务	经纬仪的认识、使用		教学模式			
建议学时	4 学时		教学地点			
任务描述	小王是我校大三学生，今年参加顶岗实习，工作岗位是测量员。上班第一天接到的任务是进行新建建筑物主轴线放样。小王是在大一学习的土木工程测量课程，小王拿到仪器首先要熟悉仪器的构造和使用。那么建筑物主轴线放样需要什么仪器呢？仪器该如何操作					
学习目标	1. 认识经纬仪构造及各部件的作用； 2. 熟练掌握经纬仪的安置、对中整平、调焦照准和读数； 3. 正确掌握经纬仪操作要领					
学习准备	1. 每一实训小组 6 人，选一名小组长，负责仪器领取、保管及交还，成果报告收发； 2. 仪器工具：DJ2 型、DJ6 型、电子经纬仪各 1 台、三脚架 2 个					
教学实施	工作岗位	时间	时间	时间	时间	时间	时间
	操作仪器 1(1 人)						
	操作仪器 2(1 人)						
	操作仪器 3(1 人)						
	工具管理(1 人)						
	安全监督(1 人)						
	质量检验(1 人)						
实训注意	1. 在实训期间仪器跟前不准离人，以防人为的跑动碰倒仪器，或是大风刮倒仪器。 2. 仪器安放到三脚架上或取下时，要一手先握住仪器，再拧连接螺旋，以防仪器摔落。 3. 正确使用仪器各部分螺旋，应注意对螺旋不能用力强拧，以防损坏。 4. 操作过程中仪器盒盖好，仪器制动螺旋松开后才能装盒					

知识要点

2.1.1 光学经纬仪构造组成

经纬仪由基座、度盘、照准部三部分组成。

(1)基座：是经纬仪照准部的支承装置。经纬仪照准部安装在基座轴套以后必须扭紧固定旋钮，一般应用不得松开。

(2)度盘：包括水平度盘和竖直度盘，度盘全周刻度为 0°～360°，按顺时针顺序注记。

水平度盘套在竖轴中可以自由转动，竖直度盘固定在横轴的一端与望远镜一起转动。

（3）照准部：主要由望远镜、支架、竖直轴、水平轴、竖直制动微动螺旋、水平制动微动螺旋、读数设备、水准器和光学对点器等组成。

图2.1、图2.2所示分别为DJ6型经纬仪和DJ2型经纬仪构造。

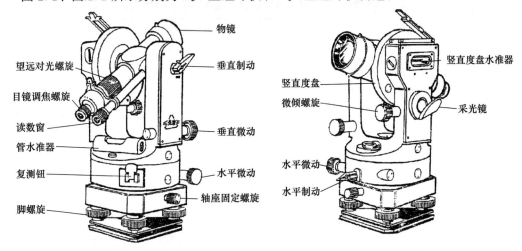

图 2.1　DJ6 型经纬仪构造

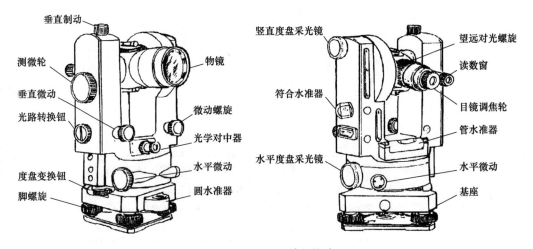

图 2.2　DJ2 型经纬仪构造

2.1.2　光学经纬仪的读数方法

1. DJ6 型光学经纬仪读数方法

（1）打开反光镜使光线折射到度盘测微器上。

（2）在水平角观测中要求起始目标读数为 $0°00'00''$，转动度盘变换手轮使度盘 $0°$ 与分微尺 $00'00''$ 重合。

（3）照准第二个目标，直接在读数显微镜里读取读数即可，如图2.3所示。

2. DJ2 型光学经纬仪读数方法

在水平角观测中要求起始读数 $00°00'00''$ 与对镜分划线重合。其操作方法如下：

（1）分微尺为 $00'00$，先顺时针转动测微轮到头再少倒回一点即可找到 $00'00''$。

（2）度盘为 $00°00'$ 与对镜分划线重合，转动度盘变换手轮使度盘 $00°00'$ 中间窗口与对镜分划线重合，如图 2.4 所示。

（3）每一次瞄准目标读取读数时必须使对镜分划线重合，操作时转动测微轮使对镜分划线重合后再读取水平度盘读数。

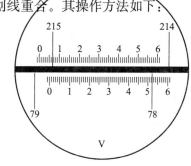

图 2.3 DJ6 型光学经纬仪目标读数

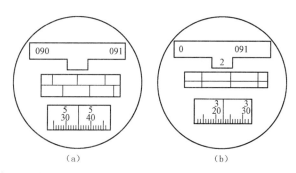

图 2.4 DJ2 型光学经纬仪读数窗

2.1.3 电子经纬仪构造

熟练掌握电子经纬仪显示屏各按键的名称及作用（图 2.5）。

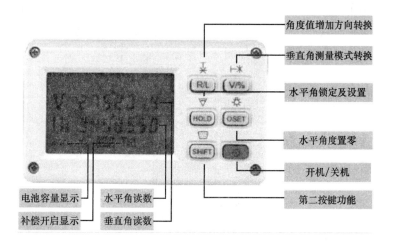

图 2.5 电子经纬仪读数窗口

V/％—竖直角/坡度转换键，单击—VZ，单击—V％。

$\boxed{\text{HOLD}}$—水平角锁定键，双击—$\boxed{\text{HOLD}}$—288°28′28″锁定—转动照准部读数不变（方便记录角度值）。

$\boxed{\text{OSET}}$—水平置零键，双击$\boxed{\text{OSET}}$—0°00′00″。

$\boxed{\text{R/L}}$—度盘刻刻划转换键，单击左$\boxed{\text{HL}}$，经纬仪向左旋转读数增加，即逆时针度盘读数增加；单击右$\boxed{\text{HR}}$，经纬仪向右旋转读数增加，即顺时针度盘读数增加。

$\boxed{\text{FUNC}}$—功能转换键（不与光电测距仪链接此键没用）。

⬛—开关。

2.1.4　经纬仪的使用

经纬仪的使用，一般可分为安置仪器、对中整平、调焦瞄准和读数四个大的步骤。

对中的目的：使水平度盘中心和测站点标志中心在同一铅垂线上（对中、整平应反复操作）。

整平的目的：使水平度盘处于水平位置和仪器竖轴处于铅垂位置（对中、整平应反复操作）。

（1）安置仪器。松开三脚架腿的固定螺旋，提起架头使三个架腿一样高，高度根据观测者身高确定，一般略低于胸部，拧紧三个脚腿固定螺旋，打开三脚架使架头大致水平。然后，开箱取出仪器，调节三个脚螺旋一样高，连接在三脚架架头中心上。

（2）粗略对中。

1）光学对点器对中：三脚架大致对中整平结束后，首先，先用左眼通过对点器看地面标志是否在视线范围内，如在视线范围内，先整平后再对中；如不在视线范围内，如在坚硬的地面上，用操作者的脚尖放在标志上方晃动脚尖判断标志偏离的方位，这时可平端三脚架，此时眼睛看着对点器，两手各握一个架腿，前后或左右摆动两只架腿使对点器中心对准测站标志中心，架头大致水平，如图2.6所示。

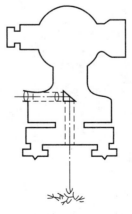

图2.6　光学对点器对中

2)激光对点器对中：保持三脚架一个架腿不动，抬起另外两个架腿并移动(保持架头大致水平)，眼睛看着激光点直接和地面点重合。

（3）粗略整平。施工现场三个架脚已踩入土中，应分别调节三个架腿的长度，使圆水准器气泡居中。

（4）精确整平。转动照准部，将管水准器与两个脚螺旋的连线平行，如图2.7(a)所示，调节同一铅垂面上的两个脚螺旋，使管水准器气泡居中；然后，转动照准部90°，如图2.7(b)所示，调节第三只脚螺旋使管水准器气泡居中。此时圆水准器气泡必须同时居中。

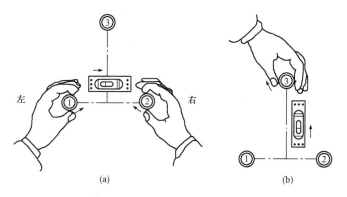

图 2.7 精确整平操作示意

（5）精确对中。眼睛通过对点器，看对点器中心与地面标志中心是否在同一铅垂线上，如图2.8所示，如激光对点器，直接看激光点与地面标志中心是否在同一铅垂线上。若有偏离，稍微松开仪器与三脚架头的连接螺旋，使仪器在三脚架头上前后左右平移，使对点器中心与地面标志中心在同一铅垂线上重合。注意仪器不能在三脚架头旋转。

对中、整平要同时达到精度要求为止。所以应反复操作步骤（4）、（5），直至完全达到精度要求。如不能达到此项要求所测角度就达不到施工精度要求。

图 2.8 经纬仪对中

（6）粗略瞄准。闭上一只眼睛看瞄准器的三角尖与目标在同一方向线上。注意从瞄准器里看不到目标，只有一个三角形。

（7）调焦、照准。在粗略瞄准的基础上，转动物镜对光螺旋使物体清晰，再转动上下微动螺旋使十字丝交点准确瞄准目标，如图2.9所示。

（8）读数。电子经纬仪直接读取 $\boxed{HR}$ 度数，光学经纬仪按2.1.2读数方法读数。

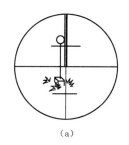
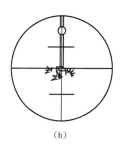

图 2.9 水平角观测精确瞄准

2.2 角度测量实训报告一 经纬仪的认识、使用实训

2.2.1 实训过程及学习记录

1. 经纬仪构造

熟悉电子经纬仪各部件构造、名称、位置及各部件的作用，将图 2.10 中经纬仪各组成部分及其功能填入表 2.1 中。

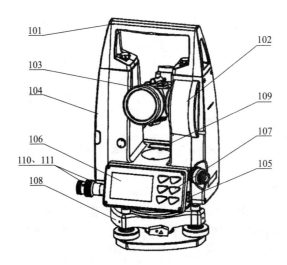

图 2.10 电子经纬仪构造

表 2.1 电子经纬仪各组成部分及其功能

序号	部件名称	功能
101		
102		
103		
104		
105		
106		
107		
108		
109		
110		
111		

填写表2.2电子经纬仪读数操作要领。

表 2.2　电子经纬仪读数操作要领

序号	部件名称	按键显示	
1	开关		
2	角度值增加方向		
3	置零键		
4	水平角读数		
5	竖直角读数		

2. 经纬仪使用方法及步骤(表2.3)

表 2.3　经纬仪的使用四步骤操作要领

序号	操作步骤		操作要点
1	安置仪器	①三脚架的高度	
		②三脚架的架头	
		③三脚架头的中心	
2	对中整平	①光学对点器对中	
		②激光对点器对中	
		③三脚架粗平操作	
		④精确对中操作	
		⑤精确整平操作	
3	调焦瞄准	①调节目镜的作用	
		②瞄准器作用	
		③调节物镜作用	
		④精确照准操作	
4	读数	①HR 读数状态	
		②HL 读数状态	

2.2.2　实训过程检验

1. 精确整平气泡运动操作的规律：_____。

2. 为什么对中、整平要同时达到要求？_____

_____。

3. 观测水平角精确照准的特点：_____。

2.2.3 实训效果评价

1. 自我评价

实训项目			实训人员		
小组编号			自评得分		
序号	评估项目	分值	实训要求		评定分数
1	任务完成情况	20	按要求完成实训任务		
2	规范使用仪器	20	正确操作仪器、文明实训、仪器未损坏		
3	操作精度、速度	30	工作态度严谨、精益求精、成果满足限差要求		
4	实训纪律	10	按时实训、遵守课堂纪律		
5	团结合作	20	服从组长安排、能配合其他组员工作		

实训总结:

1. 学到的知识、技能点:

2. 不理解的知识点:

2. 同学互评

实训项目			实训人员		
小组编号			互评得分		
序号	评估项目	分值	实训要求		评定分数
1	实训纪律	20	不迟到早退		
2	安全操作	20	安全操作仪器、仪器未损坏		
3	工作态度	20	学习积极主动、有责任心		
4	团队精神	40	有效沟通、主动帮助他人、接受工作分配		

小组评语及建议:

小组成员: 评价时间:

3. 教师评价

实训项目				实训人员	
小组编号				教师评价得分	
序号	评估项目	分值	实训要求		评定分数
1	操作程序	20	操作动作规范、操作程序正确		
2	操作速度	20	操作速度快、按时完成实训任务		
3	操作精度	20	观测精度符合精度要求		
4	数据记录	10	记录规范、无转抄、涂改、抄袭		
5	团结合作	20	服从组长安排、能配合其他组员工作		
6	实训纪律	10	按时实训、遵守课堂纪律		

教师评语及建议:

1. 存在的问题:

2. 评语及建议:

指导教师: 评价时间:

2.3　经纬仪的检验与校正

班级：_____　姓名：_____　学号：_____　工号：_____　日期：_____　测评等级：_____

实训任务	经纬仪的检验与校正	教学模式	
建议学时	4 学时	教学地点	
任务描述	小王拿到了一台电子经纬仪，通过短时间的熟悉，基本掌握了仪器的操作要领。但刘经理要求小王先对仪器进行检验，看仪器有没有问题。如果仪器检验不满足条件，就没办法保证建筑定位放线精度，建筑物施工也就无法正常进行。所以，小王要先检验仪器是否满足要求，并记录检验结果		
学习目标	1. 认识经纬仪主要轴线及其应满足的几何条件； 2. 掌握经纬仪检验与校正方法； 3. 判断经纬仪是否能正常进行观测		
学习准备	1. 每一实训小组 7 人，选 1 名小组长，负责仪器领取、保管及交还，成果报告收发； 2. 仪器工具：电子经纬仪 1 台、对中杆 1 副、三脚架 1 个、铅笔、记录板等		

教学实施	工作岗位	时间	时间	时间	时间	时间	时间
	操作仪器(1 人)						
	扶对中杆(2 人)						
	记录计算(1 人)						
	工具管理(1 人)						
	安全监督(1 人)						
	质量检验(1 人)						

实训注意	1. 检校顺序不能颠倒。 2. 如果误差在限值以内，可不进行校正。 3. 每项检验至少两人重复操作，检验数据确认无误后才能进行校正。 4. 校正结束后，各校正螺钉应处于稍紧状态。 5. 仪器如果出现异常情况，应记录下来找专业人员校正，不得自行处理

2.3.1　经纬仪要满足的几何条件

(1)经纬仪的轴线(图 2.11)：

1)望远镜的视准轴 CC；

2)望远镜的旋转轴(横轴)HH;

3)仪器的旋转轴(竖轴)VV;

4)照准部的水准管轴 LL。

(2)经纬仪的应满足的几何条件:

1)照准部水准管应垂直于竖轴;

2)视准轴应垂直于横轴;

3)横轴应垂直于竖轴;

4)十字丝竖丝应垂直于横轴;

5)竖盘指标差应为零;

6)光学对点器与仪器竖轴重合位于铅垂线上。

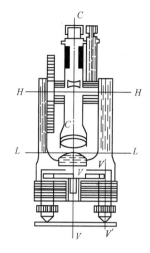

2.3.2 经纬仪的检验与校正

图 2.11　经纬仪主轴线

(1)水准管轴的检验与校正。

检验目的:水准管轴垂直于竖轴 $LL \perp VV$。

检验方法:整平仪器,包括圆水准器和管水准器同时居中;再将仪器旋转180°;如水准管气泡仍居中,说明水准管轴与竖轴垂直;若气泡不再居中,则说明水准管轴与竖轴不垂直,需要校正。

(2)十字丝竖丝垂直于横轴的检验与校正。

检验目的:十字丝竖丝垂直于横轴。

检验方法:

1)离墙面大于 5 m 处安置仪器整平,将望远镜十字丝交点画在墙上为 P 点,固定制动螺旋,转动竖直微动螺旋,看十字丝竖丝移动。

2)如果十字丝竖丝始终沿着 P 点移动,则证明十字丝竖丝垂直于横轴,如图 2.12(b)所示。

3)如果十字丝竖丝不沿 P 点移动,证明十字丝竖丝不垂直于横轴,需要校正,如图 2.12(c)所示。

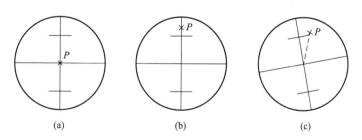

(a)　　　　　　　　(b)　　　　　　　　(c)

图 2.12　十字丝竖丝垂直于横轴检验与校正

(3)望远镜视准轴的检验与校正(图 2.13)。

检验目的:视准轴垂直于横轴。

检验方法：

1)在 A、B 两面都有墙面或柱子之间，选择 20～100 m（距离越远，误差越大，越易检查），现选择柱间距为 24 m 在 AB 连线中点 O 处安置经纬仪，对中整平仪器，如图 2.13(a)所示。

2)盘左：望远镜放置水平竖直度盘为 90°瞄准柱子(或墙面)把十字丝交点画在柱子上为 A 点，制动照准部，纵转望远镜盘右放置水平竖直度盘为 270°，瞄准对面柱子(或墙面)把十字丝交点画在柱子上为 B 点，如图 2.13(b)所示。

3)盘右：打开照准部制动螺旋再次瞄准 A 点，望远镜放置水平竖直度盘为 270°，制动照准部，纵转望远镜放置水平竖直度盘为 90°看是否能找到 B 点，如果能找到 B 点，证明：视准轴垂直于横轴 $LL \perp CC$。

如果找不到 B 点(B 为 B_1 点)，如图 2.13(c)所示，再在柱子上画出 B_2 点，说明视准轴不垂直于横轴，需要校正。

如需校正：误差值 $c = \dfrac{B_1 B_2}{4D} \rho''$

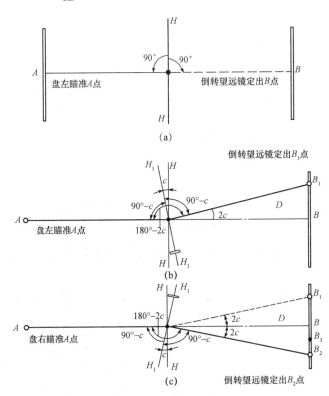

图 2.13　望远镜视准轴的检验与校正

(4)横轴垂直于竖轴的检验与校正(图 2.14)。

检验目的：横轴垂直于竖轴。

检验方法：

1)在距离一垂直墙面 20～30 m 处，安置经纬仪，整平仪器。

2)盘左位置，瞄准墙面上高处一明显目标 P，仰角宜为 30°左右。

3）将望远镜放置水平，固定照准部，根据十字丝交点在墙上定出一点 P_1。

4）倒转望远镜成盘右位置，再次瞄准 P 点，再将望远镜放置水平，固定照准部，定出点 P_2；如果 P_1、P_2 两点重合，说明横轴是水平的横轴垂直于竖轴；否则，需要校正。

（5）竖盘指标差的检验与校正。

检验目的：竖盘指标差 $x=0$。

检验方法：

1）对于同一台仪器来说，指标差应是一个常数，指标差为 x。

2）盘左照准目标，望远镜水平竖盘读数 L；盘右照准目标，望远镜水平竖盘读数 R。

3）指标差：$x=\frac{1}{2}(L+R-360°)$。盘左读数 L 和盘右读数 R 相加应为 $360°$，即 $(L+R)-360°=0$。所以指标差 $x\geq 1'$ 时仪器的指标差需要校正。

（6）对中器的检验与校正（图 2.15）。

检验目的：对中器视准轴的折光轴与仪器竖轴重合。

检验方法：

1）整平仪器；

2）把对中器圆圈中心画在地面上为 O 点，绕竖轴 $180°$，看对中器圆圈中心与地面上 O 点是否还重合；

图 2.14 横轴垂直于竖轴的检验与校正

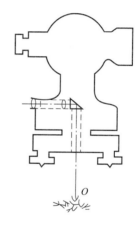

图 2.15 对中器的检验与校正

3）重合，说明对中器视准轴的折光轴与仪器竖轴重合，证明检验合格，可正常使用；

4）不重合，需要校正。

2.3.3 施工中角度测量必须采用盘左、盘右观测

仪器误差的来源主要有两个方面：一方面是仪器检校后还存在着残余误差；另一方面是仪器制造、加工不完善而引起的误差。可以采用适当的观测方法来减弱或消除其中一些误差。如视准轴不垂直于横轴、横轴不垂直于竖轴、竖盘指标差及度盘偏心等误差，可通过盘左、盘右观测取平均值的方法消除，度盘刻画不均匀的误差可以通过改变各测回度盘起始位置的办法来削弱。

2.4.1 实训过程及学习记录

1. 经纬仪一般检查(表2.4)

表2.4 经纬仪一般检查记录表

序号	检验项目	检验结果
1	照准部制动螺旋、微动螺旋是否正常	
2	望远镜制动螺旋、微动螺旋是否正常	
3	目镜是否正常	
4	物镜对焦螺旋是否正常	
5	照准部转动是否灵活	
6	望远镜转动是否灵活	
7	脚螺旋是否有效	

2. 经纬仪的轴线检验与校正(表2.5)

表2.5 经纬仪的轴线检验结果

序号	检验项目	检验结果		是否需要校正
		误差值		
1	水准管轴的检验与校正	气泡是否偏离		
2	十字丝竖丝垂直于横轴的检验与校正	目标是否偏离		
3	望远镜视准轴的检验与校正	$B_1=$ $\qquad$ $B_2=$	$D=$	
		$c=\dfrac{B_1 B_2}{4D}\rho''=$		
4	横轴垂直于竖轴的检验与校正	$P_1 P_2=$	$D=$	
		$\alpha=$	$i=$	
5	竖盘指标差的检验与校正	$L=$	$R=$	
		$x=\dfrac{1}{2}(L+R-360°)=$		
6	对中器的检验与校正	A_1、A_2是否重合		

(1)对于DJ6型经纬仪,当 $c=\dfrac{B_1 B_2}{4D}\rho''$ 值超过 $\pm60''$ 时,需要校正视准轴。

(2)横轴与竖轴 i 角误差，$i=\dfrac{P_1P_2}{2D\tan\alpha}\rho''\geqslant20''$ 时，需要校正。

(3)指标差 $x=\dfrac{1}{2}(L+R-360°)$，当 $x\geqslant1'$ 时仪器的指标差需要校正。

2.4.2　实训过程检验

1. 用回测法观测水平角，测完上半测回后，发现水准管气泡偏离 2 格多，在此情况下应(　　)。

A. 继续观测下半测回　　　　　　　B. 整平后观测下半测回

C. 整平后全部重测　　　　　　　　D. 测完后取平均值

2. 在经纬仪照准部的水准管检校过程中，仪器按规律整平后，把照准部旋转 $180°$，气泡偏离零点，说明(　　)。

A. 水准管不平行于横轴　　　　　　B. 仪器竖轴不垂直于横轴

C. 水准管轴不垂直于仪器竖轴　　　D. 竖轴不垂直于横丝

2.4.3　实训效果评价

1. 自我评价

实训项目				实训人员	
小组编号				自评得分	
序号	评估项目	分值	实训要求		评定分数
1	任务完成情况	20	按要求完成实训任务		
2	规范使用仪器	20	正确操作仪器、文明实训、仪器未损坏		
3	操作精度、速度	30	工作态度严谨、精益求精、成果满足限差要求		
4	实训纪律	10	按时实训、遵守课堂纪律		
5	团结合作	20	服从组长安排、能配合其他组员工作		

实训总结：

1. 学到的知识、技能点：

2. 不理解的知识点：

2. 同学互评

实训项目				实训人员	
小组编号				互评得分	
序号	评估项目	分值	实训要求		评定分数
1	实训纪律	20	不迟到早退		
2	安全操作	20	安全操作仪器、仪器未损坏		
3	工作态度	20	学习积极主动、有责任心		
4	团队精神	40	有效沟通、主动帮助他人、接受工作分配		
小组评语及建议：					
小组成员：				评价时间：	

3. 教师评价

实训项目				实训人员	
小组编号				教师评价得分	
序号	评估项目	分值	实训要求		评定分数
1	操作程序	20	操作动作规范、操作程序正确		
2	操作速度	20	操作速度快、按时完成实训任务		
3	操作精度	20	观测精度符合精度要求		
4	数据记录	10	记录规范、无转抄、涂改、抄袭		
5	团结合作	20	服从组长安排、能配合其他组员工作		
6	实训纪律	10	按时实训、遵守课堂纪律		
教师评语及建议： 1. 存在的问题： 2. 评语及建议：					
指导教师：				评价时间：	

2.5　测回法角度观测

班级：_____　姓名：_____　学号：_____　工号：_____　日期：_____　测评等级：_____

实训任务	测回法角度观测	教学模式	
建议学时	4 学时	教学地点	
任务描述	小王完成了仪器检验，各项检验都满足要求，可以正常进行观测。要进行建筑物主轴线放样，需要放样 90°水平角，并量取轴线距离。如何进行水平角观测、并提高观测精度？小王首先要熟练水平角测量方法，了解提高水平角观测精度方法		
学习目标	1. 熟练掌握经纬仪使用步骤； 2. 掌握水平角测回法的观测方法； 3. 练习几何图形水平角闭合差观测方法； 4. 熟练掌握竖直角观测方法； 5. 掌握建筑物、构筑物垂直度的观测方法		
学习准备	1. 每一实训小组 7 人，选 1 名小组长，负责仪器领取、保管及交还，成果报告收发； 2. 仪器工具：电子经纬仪 1 台、对中杆 1 副、三脚架 1 个、铅笔、记录板等		

教学实施	工作岗位	时间	时间	时间	时间	时间	时间
	操作仪器(1 人)						
	扶对中杆(2 人)						
	记录计算(1 人)						
	工具管理(1 人)						
	安全监督(1 人)						
	质量检验(1 人)						

实训注意	1. 对中的误差对闭合差影响很大，所以要精确对中； 2. 边长越小，误差越大，尽量选择长一点的边长观测； 3. 在水平角观测过程中，不得再调整照准部水准管； 4. 如气泡偏离中央超过 2 格时，须重新整平仪器，重新观测； 5. 半测回角度计算：右手边目标读数－左手边目标读数。 6. 竖直角有正负，正角是仰视，负角是俯视。 7. 测角之前要初步判断竖直角计算公式

2.5.1　水平角观测方法

安置经纬仪于 O 点、对中、整平、照准、调焦，如图 2.16 所示。

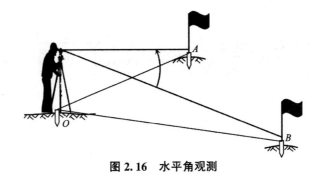

图 2.16 水平角观测

（1）盘左：先瞄准左边 A 目标读取读数，起始读数为 $0°00'00''$；顺时针再瞄准右边 B 目标读取读数，为上半测回。

$$\beta_左 = b_左 - a_左$$

（2）盘右：先瞄准右边 B 目标读取读数，逆时针再瞄准左边 A 目标读取读数，为下半测回。

$$\beta_右 = b_右 - a_右$$

（3）一测回精度要求：

$$\Delta\beta = \beta_左 - \beta_右 \leqslant \pm 40''$$

（4）一测回水平角观测值：

$$\beta = \frac{1}{2}(\beta_左 + \beta_右)$$

2.5.2 竖直角观测方法

安置经纬仪 O 点、对中、整平、照准、调焦。

观测竖直角望远镜横丝切准目标，固定望远镜制动螺旋，调节微动螺旋精确瞄准，读取观测值 L 或 R，代入竖直角公式计算，如图 2.17 所示。

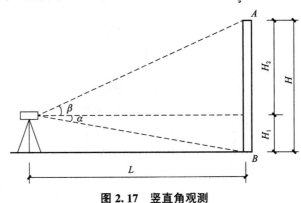

图 2.17 竖直角观测

（1）盘左：$\alpha_左 = 90° - L$。

（2）盘右：$\alpha_右 = R - 270°$。

（3）精度要求：$x = \frac{1}{2}\left[(L+R)-360°\right]$，$x \leqslant 1'$。

（4）竖直角：$\alpha = \frac{1}{2}(\alpha_左 + \alpha_右)$。

2.5.3 垂直度的观测方法

1. 建筑物或柱子垂直度观测方法

（1）安置经纬仪于观测棱边的 45° 延长线上，离开棱边距离大于等于 $1.5H$ 选择观测点；

（2）安置仪器，精确对中、整平；

（3）精确瞄准目标；

（4）垂直度观测：望远镜十字丝纵丝瞄准所测建筑物边缘的顶部，固定照准部望远镜往下辐射到建筑物的底部，量取偏差值计算偏差度，如图 2.18 所示。

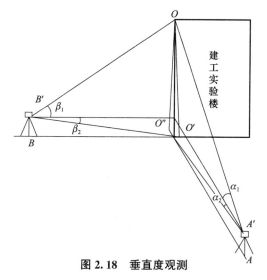

图 2.18 垂直度观测

2. 记录计算数据

（1）盘左：$\delta_左 =$

（2）盘右：$\delta_右 =$

（3）倾斜值：$\delta = \frac{1}{2}(\delta_左 + \delta_右) =$

（4）精度要求：$x = \frac{1}{2}\left[(L+R)-360°\right] =$

（5）垂直度：$t = \frac{\delta}{H}$

3. 建筑物高度计算

（1）如不知道建筑物的总高，也可以一层高为标准进行测量。

（2）可通过观测竖直角及测站到建筑物水平距离，利用勾股定理计算建筑物的总高。

2.6.1 实训过程及学习记录

1. 水平角观测

每测量小组要求完成四边形观测(图2.19)、记录计算(表2.6),并满足精度要求,否则重测。

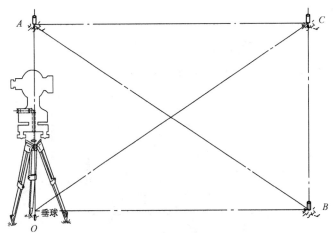

图2.19 水平角观测

表2.6 水平角观测记录表

测站	盘位目标		水平角度数	水平角观测值		各测回平均值
				半侧回值	一测回值	
			° ′ ″	° ′ ″	° ′ ″	° ′ ″
O_1	盘左	α				
		β				
	盘右	α				
		β				
	盘左					
	盘右					

测站	盘位目标		水平角度数	水平角观测值		各测回平均值
				半侧回值	一测回值	
			° ′ ″	° ′ ″	° ′ ″	° ′ ″
	盘左					
	盘右					
	盘左					
	盘右					
	盘左					
	盘右					
	盘左					
	盘右					
	盘左					
	盘右					
	盘左					
	盘右					
检核						

2. 竖直角观测(表 2.7)

表 2.7　竖直角观测记录表

测站	目标	竖盘位置	竖盘读数	竖直角	平均角值	指标差	观测者
O	A	左					
		右					
		左					
		右					
		左					
		右					
		左					
		右					

3. 垂直度观测(表 2.8)

表 2.8　垂直角观测记录表

测站	目标	竖盘位置	是否有偏差值	平均偏差值	垂直度
O	A	左			
		右			
	B	左			
		右			
		左			
		右			
		左			
		右			

2.6.2 实训过程检验

1. 如何判断竖直角计算公式?

2. 角度测量为什么观测多边形内角?

2.6.3 实训效果评价

1. 自我评价

实训项目			实训人员		
小组编号			自评得分		
序号	评估项目	分值	实训要求		评定分数
1	任务完成情况	20	按要求完成实训任务		
2	规范使用仪器	20	正确操作仪器、文明实训、仪器未损坏		
3	操作精度、速度	30	工作态度严谨、精益求精、成果满足限差要求		
4	实训纪律	10	按时实训、遵守课堂纪律		
5	团结合作	20	服从组长安排、能配合其他组员工作		

实训总结:

1. 学到的知识、技能点:

2. 不理解的知识点:

2. 同学互评

实训项目			实训人员	
小组编号			互评得分	
序号	评估项目	分值	实训要求	评定分数
1	实训纪律	20	不迟到早退	
2	安全操作	20	安全操作仪器、仪器未损坏	
3	工作态度	20	学习积极主动、有责任心	
4	团队精神	40	有效沟通、主动帮助他人、接受工作分配	
小组评语及建议：				
小组成员：			评价时间：	

3. 教师评价

实训项目			实训人员	
小组编号			教师评价得分	
序号	评估项目	分值	实训要求	评定分数
1	操作程序	20	操作动作规范、操作程序正确	
2	操作速度	20	操作速度快、按时完成实训任务	
3	操作精度	20	观测精度符合精度要求	
4	数据记录	10	记录规范、无转抄、涂改、抄袭	
5	团结合作	20	服从组长安排、能配合其他组员工作	
6	实训纪律	10	按时实训、遵守课堂纪律	
教师评语及建议： 1. 存在的问题： 2. 评语及建议：				
指导教师：			评价时间：	

2.7 方向法角度观测

班级：_____ 姓名：_____ 学号：_____ 工号：_____ 日期：_____ 测评等级：_____

工作任务	方向法角度观测	教学模式	
建议学时	2 学时	教学地点	

任务描述	通过几天的努力，小王和同事们顺利完成了建筑主轴线的放样工作。今天小王又接到了新的任务，在小王这个项目中有一个正六边形的建筑物，现在，六边形的六角平分线已经放样出来，经理要求小王再复测六角平分线的角度。小王想采用方向法角度观测，具体如何操作，小王要仔细琢磨一下

学习目标	1. 学会方向观测法的观测程序； 2. 掌握方向观测法记录、计算方法； 3. 了解方向观测法的精度要求及重测原则

学习准备	1. 每一实训小组 7 人，选 1 名小组长，负责仪器领取、保管及交还，成果报告收发； 2. 仪器工具：电子经纬仪 1 台、对中杆 4 个、三脚架 1 个、计算器、铅笔、记录表格、草稿纸等

教学实施	工作岗位	时间	时间	时间	时间	时间	时间
	操作仪器(1 人)						
	扶对中杆(2 人)						
	记录计算(1 人)						
	工具管理(1 人)						
	安全监督(1 人)						
	质量检验(1 人)						

实训注意	1. 仪器高度适宜，三脚架要踩实，中心连接螺旋固紧，操作时勿手扶三脚架，旋动各螺旋要有手感，用力适度。 2. 尽量使仪器不受烈日暴晒或选择有利时间观测。 3. 精确对中和瞄准，尤其对短边测角。 4. 记录计算要及时、清楚，发现问题立即重测。 5. 一测回内不得重新调整水准管，若气泡偏离中央较大，应重新整平仪器，重新观测。 6. 每半测回观测前应先旋转照准部 1~2 周。 7. 进行水平角观测时，应尽量照准目标下部

2.7.1 方向法测角

当一测站的待测方向数超过 3 个时可用方向法测角。其中全圆方向观测法，需要进行归零观测，当一测站的待测方向数超过 3 个但不超过 6 个时可用此法；当待测方向超过 6 个时，可将待测方向按方向数不超过 6 个分为若干组，分别按全圆方向观测法进行，称为分组方向观测法。

1. 测站观测

测站观测水平角如图 2.20 所示。具体操作如下：

(1)在测站点 O 安置经纬仪：对中、整平、调焦、照准。

(2)盘左：瞄准 A 点转动测微轮使水平度盘读数为 $0°00'00''$，并记入表 2.9 中，然后顺时针转动仪器，依次瞄准 B、C、D、A，读记水平度盘读数，见表 2.9(称为上半测回)。

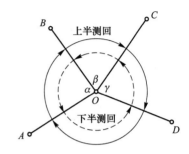

图 2.20 水平角观测(方向观测法)

(3)盘右，逆时针转动仪器，按 A、D、C、B、A 的顺序依次瞄准目标，读记水平度盘读数，见表 2.9(称为下半测回)。

以上过程为一个测回。当需要观测 n 个测回时，测回数仍按 $180°/n$ 变换起始方向读数。方向观测法，又称全圆方向观测法。

2. 计算

(1)计算归零差。起始方向的两次读数的差值称为半测回归零差，用 Δ 表示。例如，表 2.9 中盘左的归零差为 $\Delta_{\text{左}}=0°00'12''-0°00'00''=+12''$，盘右的归零差为 $\Delta_{\text{右}}=0''$。对 DJ6 型经纬仪，Δ 应小于 $\pm18''$(DJ2 型经纬仪不应超过 $\pm8''$)，否则应查明原因后重测。

(2)计算两倍照准差。表中 $2c$ 称为两倍照准差，$2c=[$盘左读数$-($盘右读数$\pm180°)]$。对 DJ2 型经纬仪，一测回内 $2c$ 的变化范围不应超过 $\pm18''$；对 DJ6 型经纬仪，不做限差规定。

例如，第一测回 OB 方向的 $2c$ 值为

$$2c=96°51'54''-(276°51'48''-180)=+6''$$

(3)计算平均方向值。

$$各方向平均读数=\frac{1}{2}[盘左读数+(盘右读数\pm180°)]$$

例如，第一测回 OB 方向的平均方向值：$[96°51'54''+(276°51'48''-180)]/2=96°51'51''$。由于 OA 方向有两个平均方向值，故还应将这两个平均值再取平均，得到唯一的一个平均值，填在对应列的上端，并用圆括号括起来。如第一测回 OA 方向的最终平均方向值为

$$\frac{1}{2}(0°00'03''+0°00'09'')=0°00'06''$$

(4)计算归零后方向值。将起始方向值化为零后各方向对应的方向值称为归零后方向

值，即归零后方向值等于平均方向值减去起始方向的平均方向值。如第一测回 OB 方向的归零后方向值为

$$96°51'51''-0°00'06''=96°51'45''$$

（5）计算归零后方向平均值。如果在一测站上进行多测回观测，当同一方向各测回之归零方向值的互差。对 DJ6 型经纬仪不超过 $\pm24''$（DJ2 型经纬仪不超过 $\pm9''$）时，取平均值作为结果。例如，表 2.9 中 OB 方向两测回的平均归零后方向值为

$$(96°51'45''+96°51'40'')=96°51'42''$$

（6）计算水平角。任意两个方向值相减，即得这两个方向间的水平夹角。如 OB 与 OC 方向的水平角为

$$\angle BOC=143°31'30''-96°51'42''=46°39'48''$$

3. 水平角方向观测法记录（表 2.9）

表 2.9　水平角观测记录（方向观测法）

| 日期： | | | | 天　气： | | | | 班　级： | | | | | | |

| 仪器： | | | | 观测者： | | | | 记录者： | | | | | | |

测站	测回数	标目	读数						2c	平均读数 =1/2[左+右 ±180°]			归零后的方向值			各测回归零后方向值的平均值		
			盘　左			盘　右												
			°	′	″	°	′	″		°	′	″	°	′	″	°	′	″
										0	00	06						
		A	0	00	00	180	00	06	−6″	0	00	03	0	00	00			
		B	96	51	54	276	51	48	+6″	96	51	51	96	51	45	0	00	00
O	1	C	143	31	36	323	31	36	0″	143	31	36	143	31	30	96	51	42
		D	214	05	00	34	04	54	+6″	214	04	57	214	04	51	143	31	30
		A	0	00	12	180	00	06	+6″	0	00	09				214	05	02
		$\Delta_左=+12$			$\Delta_右=00$				90	00	07							
		A	90	00	00	270	00	02	−2″	90	00	01	0	00	00			
		B	186	51	38	6	51	56	−18″	186	51	47	96	51	40			
O	2	C	233	31	32	53	31	44	−12″	233	31	38	143	31	31			
		D	304	05	14	124	05	26	−12″	304	05	20	214	05	13			
		A	90	00	14	270	00	14	0″	90	00	14						
		$\Delta_左=+14$			$\Delta_右=+12$													

2.7.2　方向观测法各项限差的要求

方向观测法各项限差的要求见表 2.10。

表 2.10　方向观测法各项限差的要求

仪器型号	光学测微器两次重合读数之差	半测回归零差	半测回同方向 $2c$ 值互差	各测回同方向归零方向值互差
DJ2	3″	12″	18″	12″
DJ6		18″		24″

2.8.1　实训过程及学习记录

填写表 2.11 水平角方向观测法记录。

表 2.11　水平角方向观测法记录

日期:　　　　　　　　　　　　天　气:　　　　　　　　　　班　级:

仪器:　　　　　　　　　　　　观测者:　　　　　　　　　记录者:

测站	测回数	标目	读数						2c	平均读数 =1/2[左＋右 ±180°]			归零后的 方向值			各测回归零 后方向值的 平均值		
			盘　左			盘　右												
			°	′	″	°	′	″		°	′	″	°	′	″	°	′	″
O	1	A	0	00	00													
		B																
		C																
		D																
		A																
		Δ左＝			Δ右＝													
O	2	A	90	00	00													
		B																
		C																
		D																
		A																
		Δ左＝			Δ右＝													

2.8.2　实训过程检验

方向观测法和测回法各适用什么情况下观测水平角?

2.8.3 实训效果评价

1. 自我评价

实训项目				实训人员	
小组编号				自评得分	
序号	评估项目	分值	实训要求		评定分数
1	任务完成情况	20	按要求完成实训任务		
2	规范使用仪器	20	正确操作仪器、文明实训、仪器未损坏		
3	操作精度、速度	30	工作态度严谨、精益求精、成果满足限差要求		
4	实训纪律	10	按时实训、遵守课堂纪律		
5	团结合作	20	服从组长安排、能配合其他组员工作		
实训总结： 1. 学到的知识、技能点： 2. 不理解的知识点： 					

2. 同学互评

实训项目				实训人员	
小组编号				互评得分	
序号	评估项目	分值	实训要求		评定分数
1	实训纪律	20	不迟到早退		
2	安全操作	20	安全操作仪器、仪器未损坏		
3	工作态度	20	学习积极主动、有责任心		
4	团队精神	40	有效沟通、主动帮助他人、接受工作分配		
小组评语及建议： 小组成员： 评价时间：					

3. 教师评价

实训项目				实训人员	
小组编号				教师评价得分	
序号	评估项目	分值		实训要求	评定分数
1	操作程序	20		操作动作规范、操作程序正确	
2	操作速度	20		操作速度快、按时完成实训任务	
3	操作精度	20		观测精度符合精度要求	
4	数据记录	10		记录规范、无转抄、涂改、抄袭	
5	团结合作	20		服从组长安排、能配合其他组员工作	
6	实训纪律	10		按时实训、遵守课堂纪律	

教师评语及建议：

1. 存在的问题：

2. 评语及建议：

指导教师：　　　　　　　　　　　　　　　　　　　　评价时间：

实训项目 3 距离丈量

3.1 距离测量

班级：_____ 姓名：_____ 学号：_____ 工号：_____ 日期：_____ 测评等级：_____

实训任务	距离测量	教学模式	
建议学时	2学时	教学地点	
任务描述	在平坦的地面上有两点 A 和 B，现在需要知道 A、B 两点之间的距离，该用什么工具？如何测量这两点之间的距离呢		
任务目标	1. 掌握目估法直线定线的方法； 2. 掌握经纬仪法直线定线的方法； 3. 掌握钢尺量距的一般方法； 4. 掌握往返测精度 K 的计算和测量精度的判断； 5. 掌握水准仪视距测距的操作实施； 6. 掌握经纬仪视距测距的操作过程		
实训设备	1. 每一实训小组 6 人，选 1 名小组长，负责仪器领取、保管及交还，成果报告收发； 2. 仪器工具：钢尺 1 把、标杆 3 根、记号笔、水准仪 1 台、经纬仪 1 台、水准尺（或视距尺）1 根		

教学实施	工作岗位	时间	时间	时间	时间	时间	时间
	拉尺1(1人)						
	拉尺2(1人)						
	记录3(1人)						
	工具管理(1人)						
	安全监督(1人)						
	质量检验(1人)						

实训注意	1. 实训设备领取和归还符合要求。 2. 实训过程中保护仪器设备不受损坏。 3. 实训过程中不带设备仪器奔跑、打闹玩耍。 4. 钢尺量距的原理简单，但在操作上容易出错，要做到三清：零点看清——尺子零点不一定在尺端，有些尺子零点前还有一段分划，必须看清；读数认清——尺上读数要认清 m、dm、cm 的注字和 mm 的分划数；尺段记清——尺段较多时，容易发生少记一个尺段的错误。 5. 前后尺手动作要配合，定线要直，尺身要水平，尺子要拉紧，用力要均匀，待尺子稳定时再读数或插测钎。 6. 钢尺性能脆、易折断，为维护钢尺应做到四不——不扭、不折、不压、不拖。用毕要擦净才可卷入尺壳

3.1.1 直线定线

当两个地面点之间的距离较长或地势起伏较大时，为使量距工作更加方便，可分成几段进行丈量。这种把多根标杆标定在已知直线上的工作称为直线定线。定线时相邻点之间要小于或等于一个尺长，定点一般由远及近进行。

一般量距采用目估法定线；精密量距一般采用经纬仪定线。

1. 目估法直线定线

如图 3.1 所示，先在 A、B 两点分别竖立标杆，测量员甲站在 A 点测杆的外侧 1～2 m 外，面向 A、B 杆准备指挥。测量员乙由 B 向 A 方向前进，至适当距离的点 1 处，站在测线的外侧立杆。测量员甲通过 A、B 杆的同一侧边缘，查 1 点标杆是否在视线上，如不在，则以手势左或右(切记不可来回摆动)指挥其移动，待甲看到 1 点标杆已移至视线上时，将手向下一挥，表示此时立标杆的点 1，就在直线 AB 上。乙在 1 点竖立标杆或插上测钎或做出标记，设立定点标志后，继续前进，用同样的方法可确定出直线 AB 上的其他点位。

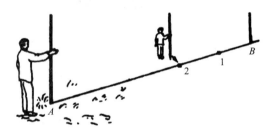

图 3.1　目估法定线

2. 经纬仪直线定线

用经纬仪法定线比目估法定线精确，具体有纵丝法和分中法。

(1)纵丝法。以经纬仪望远镜十字丝纵丝为准，概量定点，如图 3.2 所示。具体方法如下：

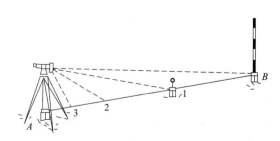

图 3.2　经纬仪纵丝法定线

1)在直线的一个端点 A 上安置（对中、整平）经纬仪，经纬仪望远镜精确瞄准另一端点 B 上竖立的目标；

2)沿 BA 方向由远及近按尺段长 l_0 概量确定 1 点；

3)纵转望远镜瞄到 1 处，指挥 1 号分段点测钎（图 3.3）定在十字丝的纵丝影像上；

4)仿步骤 2)、3)，依次将分段点 2、3、4、…定在 AB 线上。

(2)分中法。即经纬仪望远镜盘左、盘右平均取中。如图 3.4 所示，A、B、C 在同一直线上，要求把 D 点定在 BC 线上，方法如下：

1)在 C 点安置经纬仪，盘左瞄准 A 目标；

2)纵转望远镜，在概量位置 D 的附近设定线点 D'；

3)盘右瞄准 A 目标，纵转望远镜，在概量位置 D 的附近设定线点 D''；

4)取 D'、D'' 的平均位置 D 作为最后定线点。

图 3.3　测钎与测杆

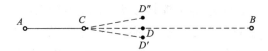

图 3.4　经纬仪分中法定线

3.1.2　钢尺量距的一般方法

1. 钢尺(钢卷尺)

用薄钢片制成的带状尺。尺宽为 10～15 mm，长度有 20 m、30 m 和 50 m 等几种。

钢尺最小分划为毫米(有的则整个尺长内都刻有毫米分划；有的从起点至 10 cm 之间有毫米分划)，读数单位为米(m)时，小数点后保留 4 位数字。

钢尺可分为端点尺和刻线尺两种，如图 3.5 所示。其中，端点尺是以尺的最外端边线作为刻划的零线；刻线尺是以刻在钢尺前端的"0"刻划线作为尺子的零线。

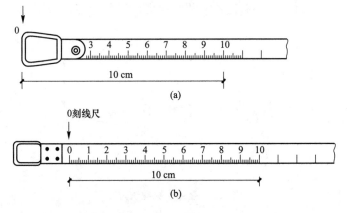

图 3.5　端点尺和刻线尺

(a)端点尺；(b)刻线尺

2. 测量方法和精度

平坦地区距离丈量的方法：往返丈量法。

精度要求：距离丈量的精度用相对误差 K 来衡量。往返丈量平均距离：$D_{平均}=\dfrac{D_{往}+D_{返}}{2}$，往返测量误差：$\Delta D=D_{往}-D_{返}$，相对误差 $K=\dfrac{|\Delta D|}{D_{平均}}=\dfrac{1}{D_{平均}/|\Delta D|}$。

钢尺测量时精度要求：平坦地区，相对误差 $K\leqslant1/3\ 000$；地形起伏较大地区，相对误差 $K\leqslant1/2\ 000$；在困难地区，相对误差 $K\leqslant1/1\ 000$。

3. 测量实施过程

测量实施过程如图 3.6 所示。具体步骤如下：

(1)在地面上选定相距约 50 m(或 80 m)的 A、B 两点。

(2)安置经纬仪于 A 点，对中、整平；在 B 点立标杆；用经纬仪望远镜纵丝瞄准 B 点，制动水平制动照准部。在测量过程中，经纬仪始终处于水平制动状态，通过上下转动望远镜使每一定点均处在望远镜纵丝上，从而实现经纬仪定线。

(3)往测：后尺手持钢尺零点端将尺零点对准 A 点，前尺手持尺盒并携带测钎(硬化地面用粉笔或记号笔代替)沿 $A\to B$ 方向前进，行至一尺段钢尺全部拉出时停下；由操作经纬仪的同学用手势指挥前尺手将钢尺拉在 AB 直线上，前、后尺手拉紧钢尺，由前尺手喊"预备"，后尺手对准零点喊"好"，前尺手在整 30 m 处插下测钎(或可由另一同学用粉笔对准 30 m 处在地面做好标记)，完成一尺段的丈量，两尺手同时提尺前进，后尺手行至测钎处(或第一个粉笔标记处)，依次向前丈量各整尺段；到最后一段不足一个整尺段时，前尺手应仔细量出余长。记录者在丈量过程中在"钢尺量距记录表"中记下整尺段数及余长，利用公式 $D=nl_0+q$ 计算得到往测总长。

(4)返测：由 B 点向 A 点，方法同往测。

(5)计算检核：根据往测和返测的总长计算往返差数和往返总长的平均数，计算测量相对误差 K，检查相对较差是否超限，若符合精度要求，则取往、返总长的平均数作为最终结果。

图 3.6　已完成定线的直线

3.1.3　视距测量的原理

视距测量是利用望远镜内的视距装置配合视距尺，根据几何光学和三角测量原理，同时测定距离和高差的方法。最简单的视距装置是测量仪器(如经纬仪、水准仪)的望远镜十字丝分划板上刻制上、下对称的两条短线，称为视距丝，如图 3.7 所示。视距测量中的视距尺可用普通水准尺，也可用专用视距尺。

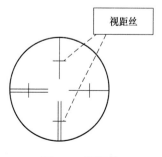

视距丝

图 3.7　视距丝

1. 视准轴水平时视距法测距原理

如图 3.8 所示，望远镜的视准轴水平，立尺点与仪器中心之间的水平距离为

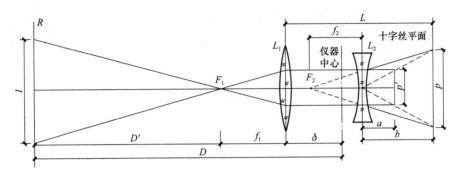

图 3.8　视准轴水平时视距法测距原理

$$D=D'+f_1+\delta$$

根据成像原理，设 $K=\dfrac{f_1}{p'}$，$C=f_1+\delta$，则 $\dfrac{D'}{f_1}=\dfrac{l}{p'}$，代入上式中，可得

$$D=K\cdot l+C$$

式中　l——作为物的视距尺上的上、下丝读数差，称为尺间隔；

p'——l 经透镜之后的像。

通常设计望远镜时，适当选择参数后，可使 $K=100$，$C=0$，从而

$$D=K\cdot l=100\cdot l$$

待测两点之间的高差：$h=i-l_{中}$。其中，i 为仪器高，$l_{中}$ 为水准尺中丝读数。

2. 视准轴倾斜时视距法测距原理

如图 3.9 所示，B 点高出 A 点较多，必须把望远镜视准轴放在倾斜位置，如尺子仍竖直立着，则视准轴与尺面不垂直，上面推导的公式就不适用了。如果将尺间隔 l 转化成与视准轴垂直的尺间隔 l_0，就可按视准轴水平的公式计算倾斜距离 S，根据 S 和竖直角 α 可推算出水平距离 D。

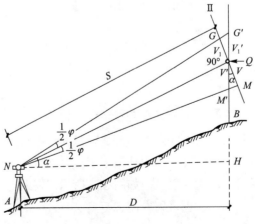

图 3.9　视准轴倾斜时视距法测距原理

倾斜视线 NQ 的长度：$S=Kl_0=Kl\cos\alpha$

AB 的水平距离：$D=Kl\cos^2\alpha$

AB 之间的高差：$h_{AB}=\dfrac{1}{2}Kl\sin2\alpha+i-l_{中}$。其中，$i$ 为仪器高，$l_{中}$ 为水准尺中丝读数。

3.1.4 视距测量的实施过程

1. 平坦场地上 A、B 两点的视距测量(往返测)

(1)在 A 点安置水准仪(或经纬仪)量取仪器高 i，B 点竖立水准尺(或视距尺)；

(2)瞄准水准尺(视距尺)分别读数上、下、中三丝读数，计算尺间隔 l；

(3)带入视线水平时的公式，计算出 AB 两点间的距离 D_{AB} 和高差 h_{AB}；

(4)按上述方法测量 BA 的距离 D_{BA} 和高差 h_{BA}；

(5)计算测量测量精度 K。

2. 视线倾斜时 AB 两点的视距测量(往返测)

(1)在 A 点安置经纬仪，量取仪器高 i，在 B 点竖立视距尺(或水准尺)；

(2)盘左(或盘右)位置，转动照准部瞄准 B 点视距尺(或水准尺)，分别读取上、下、中三丝读数，并算出尺间隔 l；

(3)测量竖直角 α；

(4)根据尺间隔、垂直角 α、仪器高 i 及中丝读数 $l_{中}$，计算 AB 水平距离 D_{AB} 和两点高差 h_{AB}；

(5)按上述方法测量 BA 的距离 D_{BA} 和高差 h_{BA}；

(6)计算测量精度 K。

3.2 距离测量实训报告距离测量实训

3.2.1 实训过程及学习记录

填写表 3.1～表 3.4。

表 3.1 钢尺一般量距记录计算

班级＿＿＿＿＿＿＿＿＿ 小组＿＿＿＿＿＿＿＿＿＿＿＿＿ 日期＿＿＿＿＿＿＿＿＿＿＿＿＿＿＿＿＿＿＿

观测者＿＿＿＿＿＿＿＿＿＿＿＿＿＿＿＿＿＿＿＿＿ 记录＿＿＿＿＿＿＿＿＿＿＿＿＿＿＿＿＿＿＿＿＿＿＿

直线	往返测	尺段数 n	整尺长 l_0/m	余长数 q/m	总长 D/m	往返差 ΔD/m	往返测平均值 $D_{平均}$	相对误差 K
	往测							
	返测							
	往测							
	返测							
	往测							
	返测							
	往测							
	返测							
计算检核		$D_{总长}=nl_0+q$；$\Delta D=D_往-D_返$；$D_{平均}=\dfrac{D_往+D_返}{2}$；$K=\dfrac{|\Delta D|}{D_{平均}}=\dfrac{1}{D_{平均}/|\Delta D|}$						
误差分析								

表 3.2　视线水平视距测量记录计算(往返测)

班　级＿＿＿＿＿＿＿＿＿＿　小组＿＿＿＿＿＿＿＿＿＿　日　期＿＿＿＿年＿＿＿月＿＿＿日

观测者＿＿＿＿＿＿＿＿＿＿　记录＿＿＿＿＿＿＿＿＿＿　仪器高＿＿＿＿＿＿＿＿＿＿

直线	测站	目标	读数/m		尺间隔/m	水平距离/m	高差/m	往返测较差/m	相对误差 K
			中丝	上丝 下丝					

表 3.3　经纬仪视距测量记录

班　级＿＿＿＿＿＿＿＿＿＿　小组＿＿＿＿＿＿＿＿＿＿　日　期＿＿＿＿年＿＿＿月＿＿＿日

观测者＿＿＿＿＿＿＿＿＿＿　记录＿＿＿＿＿＿＿＿＿＿　仪器高＿＿＿＿＿＿＿＿＿＿

测站	目标	读数/m		尺间隔/m	竖盘读数	竖直角 α	水平距离/m	高差/m	备注
		中丝	上丝 下丝						

测站	目标	读数/m		尺间隔 /m	竖盘读数	竖直角 α	水平距离 /m	高差 /m	备注
		中丝	上丝 下丝						

表 3.4　经纬仪视距测量成果计算

直线	往测/m	返测/m	往返测较差/m	距离平均值/m	相对误差

3.2.2　实训过程检验

1. 如何提高距离测量精度？距离丈量的精度指标是什么？

2. 经纬仪视距测量需要观测和记录的数据有哪些？

3.2.3 实训效果评价

1. 自我评价

实训项目			实训人员		
小组编号			自评得分		
序号	评估项目	分值	实训要求		评定分数
1	任务完成情况	20	按要求完成实训任务		
2	规范使用仪器	20	正确操作仪器、文明实训、仪器未损坏		
3	操作精度、速度	30	工作态度严谨、精益求精、成果满足限差要求		
4	实训纪律	10	按时实训、遵守课堂纪律		
5	团结合作	20	服从组长安排、能配合其他组员工作		
实训总结： 1. 学到的知识、技能点： 2. 不理解的知识点：					

2. 同学互评

实训项目			实训人员		
小组编号			互评得分		
序号	评估项目	分值	实训要求		评定分数
1	实训纪律	20	不迟到早退		
2	安全操作	20	安全操作仪器、仪器未损坏		
3	工作态度	20	学习积极主动、有责任心		
4	团队精神	40	有效沟通、主动帮助他人、接受工作分配		
小组评语及建议： 小组成员： 评价时间：					

3. 教师评价

实训项目				实训人员	
小组编号				教师评价得分	
序号	评估项目	分值	实训要求		评定分数
1	操作程序	20	操作动作规范、操作程序正确		
2	操作速度	20	操作速度快、按时完成实训任务		
3	操作精度	20	观测精度符合精度要求		
4	数据记录	10	记录规范、无转抄、涂改、抄袭		
5	团结合作	20	服从组长安排、能配合其他组员工作		
6	实训纪律	10	按时实训、遵守课堂纪律		

教师评语及建议：

1. 存在的问题：

2. 评语及建议：

指导教师：   评价时间：

实训项目 4 全站仪的应用

4.1 全站仪的认识和使用

班级：＿＿＿＿＿ 姓名：＿＿＿＿＿ 学号：＿＿＿＿＿ 工号：＿＿＿＿＿ 日期：＿＿＿＿＿ 测评等级：＿＿＿＿＿

实训任务	全站仪的认识和使用	教学模式	
建议学时	2 学时	教学地点	

任务描述	小高是我校毕业生，今年参加工作，工作岗位是施工员。上班接到的第一个任务是进行新建筑物定位精度检查。小高曾在大一学习过土木工程测量课程，但时间久了，对仪器的构造和使用有些陌生，小高拿到仪器首先要熟悉仪器的构造和使用。那么全站仪的构造和经纬仪有什么不同呢？仪器该如何操作？ 建筑物总长：24.600 m；总宽：15.840 m

学习目标	1. 认识全站仪的构造及各部件的作用； 2. 熟练掌握全站仪的使用(对中整平、调焦照准和读数)； 3. 掌握全站仪和经纬仪的区别

学习准备	1. 每一实训小组 6 人，选 1 名小组长，负责仪器领取、保管及交还，成果报告收发； 2. 仪器工具：全站仪各 1 台，三脚架 1 个

教学实施	工作岗位	时间	时间	时间	时间	时间	时间
	操作仪器 1(1 人)						
	操作仪器 2(1 人)						
	操作仪器 3(1 人)						
	工具管理(1 人)						
	安全监督(1 人)						
	质量检验(1 人)						

实训注意	1. 全站仪是昂贵的精密仪器，使用时须十分小心，螺旋要慢慢转动，转到头切勿再继续旋转； 2. 水平和竖直制动螺旋处于制动状态时，切勿强制转动仪器照准部和望远镜； 3. 当一人操作时，小组其他人员只进行言语协助，严禁多人同时操作一台仪器； 4. 严禁将全站仪和对中杆棱镜置于一边无人看管； 5. 严禁坐压仪器箱，仪器取放时应轻拿轻放，观测期间，应将仪器箱关闭

4.1.1 全站仪的构造

全站仪又称全站型电子速测仪(Electronic Total Station)，在测站上安置好仪器后，除照准需人工操作外，其余可以自动完成，而且几乎在同一时间得到平距、高差和点的坐标。全站仪是由电子测角、电子测距、电子计算和数据存储系统等组成的，它本身就是一个带有特殊功能的计算机控制系统。从总体上看，全站仪由以下两大部分组成：

(1)为采集数据而设置的专用设备：主要有电子测角系统、电子测距系统、数据存储系统，还有自动补偿设备等。

(2)过程控制机：主要用于有序地实现上述每一专用设备的功能。过程控制机包括与测量数据相连接的外围设备及进行计算、产生指令的微处理机。以南方测绘公司生产的 NTS-360 系列全站仪为例进行介绍。全站仪的对中、整平、目镜对光、物镜对光、照准目标的方法和电子经纬仪相同，图 4.1 从正反两面表示仪器的各个部件。仪器的操作面板及显示屏如图 4.2 所示。

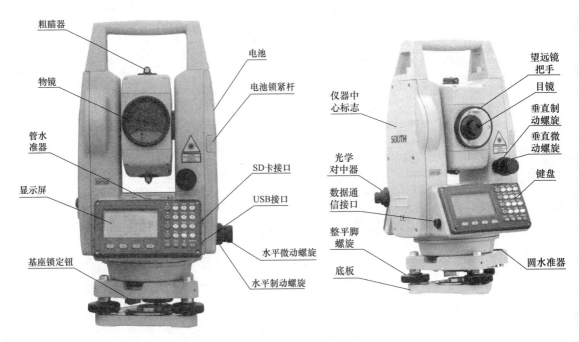

图 4.1 NTS-360 系列全站仪构造

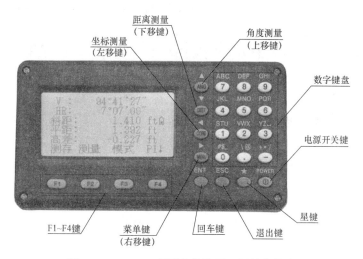

图 4.2　NTS-360 系列全站仪显示及键盘构造

4.1.2　全站仪的使用

（1）架设三脚架：将三脚架伸到适当高度，确保三腿等长、打开，并使三脚架顶面近似水平，且位于测站点的正上方。将三脚架腿支撑在地面上，使其中一条腿固定。

（2）安置仪器和对点：将仪器小心地安置到三脚架上，拧紧中心连接螺旋，打开激光对点(或是观看光学对点器，使十字丝成像清晰)。双手握住另外两条未固定的架腿，通过激光对点(或光学对点器)的观察调节该两条腿的位置。当激光对点(或光学对点器)大致对准测站点时，使三脚架三条腿均固定在地面上。调节全站仪的三个脚螺旋，使激光对点(或光学对点器)精确对准测站点。

（3）利用圆水准器粗平仪器：调整三脚架三条腿的长度，使全站仪圆水准气泡居中。

（4）精确对中与整平：通过对激光对点(或光学对点器)的观察，轻微松开中心连接螺旋，平移仪器(不可旋转仪器)，使仪器精确对准测站点。再拧紧中心连接螺旋，再次精平仪器。

（5）利用管水准器精平仪器。

1）松开水平制动螺旋，转动仪器，使管水准器平行于某一对脚螺旋 A、B 的连线。通过旋转脚螺旋 A、B，使管水准器气泡居中。

2）将仪器旋转 90 ℃，使其垂直于脚螺旋 A、B 的连线。旋转脚螺旋 C，使管水准器泡居中。

此项操作重复至仪器精确对准测站点为止。

（6）粗略瞄准：闭上一只眼睛利用粗瞄器的与目标在同一方向线上。注意从粗瞄器里看不到目标，只有一个三角形。

（7）调焦、照准：在粗略瞄准的基础上，转动物镜对光螺旋使物体清晰，再转动水平及竖直制动和微动系统调节螺旋使十字丝交点准确瞄准目标。

（8）读数：读取显示屏显示的目标方向值，如 V 代表竖直方向值(或竖直角、坡度等)，HR 代表照准目标水平方向值。

4.2.1 实训过程及学习记录

熟悉图4.3中全站仪各部件构造、名称、位置及各部件的作用，在表4.1中填写全站仪各部件名称及作用，并在表4.2、表4.3中填写操作面板操作按键与显示内容的含义及功能。

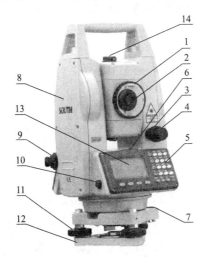

图4.3 NTS-360系列全站仪构造

表4.1 全站仪构造名称

序号	部件名称	作用
1		
2		
3		
4		
5		
6		
7		
8		
9		
10		
11		
12		
13		
14		

表 4.2 全站仪操作面板按键名称及作用

按键	名称	功能
ANG		
DIST		
CORD		
MENU		
ENT		
ESC		
POWER		
F1～F4		
0～9		
•～－		

表 4.3　全站仪显示屏显示内容的含义

显示符号	内容
V%	
HR	
HL	
HD	
VD	
SD	
N	
E	
Z	
*	
m	
ft	
fi	

4.2.2　实训过程检验

1. 全站仪与经纬仪的区别是什么？

2. 全站仪显示屏 HR/HL 分别代表什么意思？

4.2.3 实训效果评价

1. 自我评价

实训项目				实训人员	
小组编号				自评得分	
序号	评估项目	分值	实训要求		评定分数
1	任务完成情况	20	按要求完成实训任务		
2	规范使用仪器	20	正确操作仪器、文明实训、仪器未损坏		
3	操作精度、速度	30	工作态度严谨、精益求精、成果满足限差要求		
4	实训纪律	10	按时实训、遵守课堂纪律		
5	团结合作	20	服从组长安排、能配合其他组员工作		

实训总结:

1. 学到的知识、技能点:

2. 不理解的知识点:

2. 同学互评

实训项目			实训人员	
小组编号			互评得分	
序号	评估项目	分值	实训要求	评定分数
1	实训纪律	20	不迟到早退	
2	安全操作	20	安全操作仪器、仪器未损坏	
3	工作态度	20	学习积极主动、有责任心	
4	团队精神	40	有效沟通、主动帮助他人、接受工作分配	

小组评语及建议:

小组成员: 评价时间:

3. 教师评价

实训项目			实训人员		
小组编号			教师评价得分		
序号	评估项目	分值	实训要求		评定分数
1	操作程序	20	操作动作规范、操作程序正确		
2	操作速度	20	操作速度快、按时完成实训任务		
3	操作精度	20	观测精度符合精度要求		
4	数据记录	10	记录规范、无转抄、涂改、抄袭		
5	团结合作	20	服从组长安排、能配合其他组员工作		
6	实训纪律	10	按时实训、遵守课堂纪律		

教师评语及建议：

1. 存在的问题：

2. 评语及建议：

指导教师：   评价时间：

4.3　全站仪常规测量

班级：_____　姓名：_____　学号：_____　工号：_____　日期：_____　测评等级：_____

实训任务	全站仪常规测量	教学模式	
建议学时	4学时	教学地点	

任务描述	小高了解了仪器的构造和使用以后，也基本掌握了全站仪的操作。全站仪的测量功能比经纬仪要多很多，为了完成使用全站仪进行新建建筑物定位精度的检查的任务，需要掌握角度测量、距离测量、高程测量及坐标测量。小高进一步熟悉和研究了全站仪的常规测量功能，并检查每一项精度
学习目标	1. 熟练掌握全站仪的使用； 2. 掌握全站仪测回法水平角观测的方法； 3. 掌握全站仪测距观测的方法； 4. 掌握全站仪坐标测量的方法
学习准备	1. 每一实训小组6人，选1名小组长，负责仪器领取、保管及交还，成果报告收发； 2. 仪器工具：全站仪各1台，三脚架3个，带基座单棱镜2个，5 m钢卷尺1把

教学实施	工作岗位	时间	时间	时间	时间	时间	时间
	操作仪器1(1人)						
	棱镜操作2(1人)						
	棱镜操作3(1人)						
	数据记录(1人)						
	安全监督(1人)						
	质量检验(1人)						

实训注意	1. 全站仪是昂贵的精密仪器，使用时须十分小心，螺旋要慢慢转动，转到头切勿再继续旋转； 2. 水平和竖直制动螺旋处于制动状态时，切勿强制转动仪器照准部和望远镜； 3. 当一人操作时，小组其他人员只进行言语协助，严禁多人同时操作一台仪器； 4. 严禁将全站仪和对中杆棱镜置于一边无人看管； 5. 严禁坐压仪器箱，仪器取放时轻拿轻放，观测期间，应将仪器箱关闭

知识要点

全站仪常规测量包括角度测量、距离测量、坐标测量。

4.3.1 角度测量

按 ANG 键可切换到角度测量模式(表 4.4)。

表 4.4　角度测量模式

操作步骤	操作键	显示
①照准第一个目标 A	—	V : 82° 09′ 30″ HR : 90° 09′ 30″ 测存　　置零　　置盘　　P1↓
②按[F2](置零)键和 [F4](是)键,将设置目标 A [F2]的水平角为 0°0′00″	[F2]和[F4]	水平角置零吗? [否]　　[是] V : 82° 09′ 30″ HR : 0° 00′ 30″ 测存　　置零　　置盘　　P1↓
③照准第二个目标 B,显示 目标 B 的 V/H	—	V : 92° 09′ 30″ HR : 67° 09′ 30″ 测存　　置零　　置盘　　P1↓
④完成半测回观测后,按测 回法完成下半测回观测	—	—

4.3.2 距离测量

按 DIST 键可切换到距离测量模式(表 4.5)。在距离测量模式下可以测量两点之间的斜距、平距及高差。

表 4.5　距离测量模式

操作步骤	操作键	显示
①按[DIST]键,进入测距界 面,距离测量开始。显示测量 的距离	[DIST]	V: 90° 10′ 20″ HR: 170° 09′ 30″ 斜距* [单次]　　　《 平距: 高差: 测存　　测量　　模式　　P1↓

操作步骤	操作键	显示
②按[F1]（测存）键或[F2]（测量）启动测量，[F1]或[F2]并记录测得的数据，测量完毕	[F1]或[F2]	V:　　　90° 10′ 20″ HR:　　170° 09′ 30″ 斜距*　　　　　241.551 m 平距:　　　　　235.343 m 高差:　　　　　　36.551 m 测存　测量　模式　P1↓
③按[F4]（是）键，屏幕返回到距离测量模式。一个点的测量工作结束后，重复刚刚的步骤即可重新开始测量	[F4]	V:　　　90° 10′ 20″ HR:　　170° 09′ 30″ 斜距*　　　　　241.551 m 平距:　　　　　235.343 m 高差:　　　　　　36.551 m >记录吗?　　[否]　[是] 点名:　1 编码:　SOUTH V:　　　90° 10′ 20″ HR:　　170° 09′ 30″ 斜距:　241.551 m 〈完成〉

4.3.3 坐标测量

按 CORD 模式转换键切换到坐标测量模式。通过输入仪器高和目标高后测量坐标时，可直接测定未知点的三维坐标。坐标测量模式的步骤可分为以下三步:

(1)要设置测站点坐标值。

(2)要设置仪器高和目标高(如果不需要待测点的高程，可以不用输入)。

(3)要设置后视，并通过测量来确定后视方位角，方可测量坐标。

具体操作步骤如下:

1)设置测站点(表 4.6)。

表 4.6　测站点设置

操作步骤	操作键	显示
①在坐标测量模式下，按[F4]（P1↓）键[F4]转到第二页功能	[F4]	V:　　　95° 06′ 30″ HR:　　86° 01′ 59″ N:　　　　0.168 m E:　　　　2.430 m Z:　　　　1.782 m 测存　测量　模式　P1↓ 设置　后视　测站　P2↓

操作步骤	操作键	显示
②按[F3](测站)键	[F3]	设置测站点 N0: _ 0.000 m E0: 0.000 m Z0: 0.000 m 回退 确认
③输入 N 坐标,并按[F4]确认键	[F4]	设置测站点 N0: 36.976 m E0: _ 0.000 m Z0: 0.000 m 回退 确认
④按同样方法输入 E 和 Z 坐标,输入完毕,屏幕返回到坐标测量模式	—	V: 95°06′30″ HR: 86°01′59″ N: 36.976 m E: 30.008 m Z: 47.112 m 设置 后视 测站 P2↓

2)仪器高和目标高设置(表4.7)。

表 4.7　仪器高和目标高设置

操作步骤	操作键	显示
①坐标测量模式下,按[F4](P1↓)键,转到第2页功能	[F4]	V: 95°06′30″ HR: 86°01′59″ N: 0.168 m E: 2.430 m Z: 1.782 m 测存 测量 模式 P1↓ 设置 后视 测站 P2↓
②[F1](设置)键,显示当前的仪器高和目标高	[F1]	输入仪器高和目标高 仪器高: 2.000 m 目标高: 1.500 m 回退 确认
③输入仪器高和目标高,并按[F4](确认)键输入仪器目标高	[F4]	输入仪器高和目标高 仪器高: 2.000 m 目标高: 1.500 m 回退 确认

3)设置后视点(表4.8)。

表 4.8　设置后视点

操作步骤	操作键	显示
①坐标测量模式下，按[F4](P1↓)键，转到第2页功能	[F4]	V:　　　　95°06′30″ HR:　　　　86°01′59″ N:　　　　　0.168 m E:　　　　　2.430 m Z:　　　　　1.782 m 测存　测量　模式　P1↓ 设置　后视　测站　P2↓
②[F2]键后视	[F2]	设置后视点 NBS:　　　　3.000 m EBS:　　　　3.000 m ZBS:　　　　1.260 m 回退　　　　　确认
③照准后视点，单击确定	—	请照准后视 HR:　　　　45°00′00″ 【否】　　　　【是】

4)测量点位坐标(表4.9)。

表 4.9　测量点位坐标

操作步骤	操作键	显示
照准需要观测的目标点，按[F2]测量键，进行点位坐标测量	[F2]	V:　　　　63°34′09″ HR:　　　　90°00′00″ N:　　　　　0.000 m E:　　　　　1.000 m Z:　　　　　1.26 m 测存　测量　模式　P1↓

4.4.1 实训过程及学习记录

(1)在三角形每个顶点上安置全站仪,完成三角形三个内角的观测,完成表 4.10 的填写,每个角采用测回法观测一测回。

表 4.10 全站仪测回法测水平角记录表

日期:_____ 天气:_____ 仪器型号:_____ 组号:_____

观测者:_____ 记录者:_____ 立棱镜者:_____

测点	盘位	目标	水平度盘读数 ° ′ ″	水平角/(° ′ ″) 半测回值	一测回值	示意图
O	左	B				
		A				
	右	B				
		A				
B	左	A				
		O				
	右	A				
		O				
A	左	O				
		B				
	右	O				
		B				
合计			$\sum \beta =$ $f_h =$			

(2)在每个三角形顶点上安置全站仪,另外两个顶点上安置单棱镜,完成三角形三边观测。每条边采用往返观测的方法,往测和返测均测三测回。填写表 4.11,计算每条边的平均值。

表 4.11　全站仪水平距离和高差测量记录表

日期：＿＿＿＿＿＿　天气：＿＿＿＿＿　仪器型号：＿＿＿＿＿＿＿　组号：＿＿＿＿＿＿＿

观测者：＿＿＿＿＿＿＿＿　记录者：＿＿＿＿＿＿＿＿　立棱镜者：＿＿＿＿＿＿＿＿

直线	三次精测往测/m	三次精测返测/m	往返测较差/m	距离平均值/m	相对误差

（3）在 O 点安置全站仪，量取全站仪的仪器高度，输入 O 点坐标（1 000，1 000，150）和仪器高度，后视定向 OB 方向，设置方位角 $\alpha_{OB}=45°00'00''$。分别在 A 点和 B 点安置单棱镜，量取棱镜高度，输入目标高度。测量 A 点和 B 点坐标填写表 4.12。

表 4.12　全站仪三维坐标测量记录表

日期：＿＿＿＿＿＿　天气：＿＿＿＿＿　仪器型号：＿＿＿＿＿＿＿　组号：＿＿＿＿＿＿＿

观测者：＿＿＿＿＿＿＿＿　记录者：＿＿＿＿＿＿＿＿　立棱镜者：＿＿＿＿＿＿＿＿

测站点坐标/m		X：	Y：	H：	
后视点坐标/m		X：	Y：	H：	
后视方位角/(° ′ ″)				仪器高/m	
点号	X 坐标	Y 坐标	H 坐标	目标高/m	操作者

4.4.2 实训过程检验

1. 全站仪可以观测几种距离？如何观测？

2. 全站仪在坐标测量中，需要后视设置，其主要目的是什么？

4.4.3 实训效果评价

1. 自我评价

实训项目				实训人员	
小组编号				自评得分	
序号	评估项目	分值		实训要求	评定分数
1	任务完成情况	20		按要求完成实训任务	
2	规范使用仪器	20		正确操作仪器、文明实训、仪器未损坏	
3	操作精度、速度	30		工作态度严谨、精益求精、成果满足限差要求	
4	实训纪律	10		按时实训、遵守课堂纪律	
5	团结合作	20		服从组长安排、能配合其他组员工作	

实训总结：

1. 学到的知识、技能点：

2. 不理解的知识点：

2. 同学互评

实训项目			实训人员	
小组编号			互评得分	
序号	评估项目	分值	实训要求	评定分数
1	实训纪律	20	不迟到早退	
2	安全操作	20	安全操作仪器、仪器未损坏	
3	工作态度	20	学习积极主动、有责任心	
4	团队精神	40	有效沟通、主动帮助他人、接受工作分配	
小组评语及建议:				
小组成员:			评价时间:	

3. 教师评价

实训项目			实训人员	
小组编号			教师评价得分	
序号	评估项目	分值	实训要求	评定分数
1	操作程序	20	操作动作规范、操作程序正确	
2	操作速度	20	操作速度快、按时完成实训任务	
3	操作精度	20	观测精度符合精度要求	
4	数据记录	10	记录规范、无转抄、涂改、抄袭	
5	团结合作	20	服从组长安排、能配合其他组员工作	
6	实训纪律	10	按时实训、遵守课堂纪律	
教师评语及建议: 1. 存在的问题: 2. 评语及建议:				
指导教师:			评价时间:	

4.5 全站仪点位放样

班级：_____ 姓名：_____ 学号：_____ 工号：_____ 日期：_____ 测评等级：_____

实训任务	全站仪点位放样	教学模式	
建议学时	4 学时	教学地点	
任务描述	小高完成了新建建筑物定位精度的检查。先对新建建筑物柱网网点进行放样，根据两个已知控制点，测站点 $M(256.692, 368.396, 55.62)$、后视点 $N(254.550, 374.412)$ 放样各柱子的位置。小高对全站仪的放样操作记忆有些模糊，需要重新熟悉操作方法，掌握放样操作技能		
学习目标	1. 熟练掌握全站仪的使用； 2. 掌握平面点位的放样方法； 3. 掌握点的高程放样方法		
学习准备	1. 每一实训小组 6 人，选 1 名小组长，负责仪器领取、保管及交还，成果报告收发； 2. 仪器工具：全站仪各 1 台，三脚架 1 个，小棱镜头 1 个，对中杆 1 个，5 m 钢卷尺 1 个		

教学实施	工作岗位	时间	时间	时间	时间	时间	时间
	操作仪器 1(1 人)						
	单棱镜组操作 2(1 人)						
	小棱镜头操作(1 人)						
	定点(1 人)						
	安全监督(1 人)						
	质量检验(1 人)						

实训注意	1. 当一人操作时，小组其他人员只进行言语协助，严禁多人同时操作一台仪器； 2. 严禁将全站仪和对中杆棱镜置于一边无人看管； 3. 严禁坐压仪器箱，仪器取放时应轻拿轻放，观测期间，应将仪器箱关闭； 4. 全站仪放样必须设置后视点定向

知识要点

在放样的过程中，具体步骤如下：

(1)选择放样文件，可进行测站坐标数据、后视坐标数据和放样点数据的调用。

(2)设置测站点。

(3)设置后视点，确定方位角。

(4)输入所需的放样坐标，开始放样。

4.5.1 放样文件的选择

选择放样文件见表 4.13。

表 4.13　选择放样文件

操作步骤	操作键	显示
①主菜单 1/2，按数字键［2］（放样）	［2］	菜单　　　　　　1/2 1.　数据采集 2.　放样 3.　存储管理 4.　程序 5.　参数设置　　　P↓
②［F2］(调用)键［也可直接输入文件名，按［F4］(确认)键，屏幕提示文件名"不存在"，按［ESC］键，完成文件夹新建］	［F2］	菜单　　　　　　1/2 1.　数据采集 2.　放样 3.　存储管理 4.　程序 5.　参数设置　　　P↓
③屏幕显示磁盘列表，选择需作业的文件所在的磁盘，按［F4］(确认)键或［ENT］键进入	［F4］	Disk: A Disk: B 属性　　　格式化　　　确认
④显示坐标数据文件列表	—	SOUTH.SCD　　　　［坐标］ SOUTH3.SCD　　　　［坐标］ SOUTH5　　　　　　［DIR］ 属性　　　查找　　　退出　P1↓
⑤［▲］或［▼］键可使文件表向上或向下滚动，选择一个工作文件。按［▲］、［▼］键上下翻页	［▲］或［▼］	SOUTH.SCD　　　　［坐标］ SOUTH3.SCD　　　　［坐标］ SOUTH5　　　　　　［DIR］ 属性　　　查找　　　退出　P1↓
⑥按［ENT］(回车)键，文件即被选择，屏幕返回放样菜单	ENT	放样　　　　　　1/2 1.　设置测站点 2.　设置后视点 3.　设置放样点 　　　　　　　　　P↓

4.5.2 设置测站点

设置后视点见表 4.14。

表 4.14 设置后视点

操作步骤	操作键	显示
①放样菜单 1/2 按数字键[1]（设置测站点），按[F3]（坐标）键调用直接输入坐标功能	1 和[F3]	放样 设置测站点 点名：PT-1 输入　调用　坐标　确认
②输入坐标值，按[F4]（确认）键	[F4]	设置测站点 E0:　　　0.000 m N0:　　　0.000 m Z0:　　　0.000 m 回退　　　　点名　确认
③输入完毕，按[F4]（确认）键	[F4]	设置测站点 N0:　　　10.000　m E0:　　　25.000　m Z0:　　　63.000　m 回退　　　　点名　确认
④同样方法输入仪器高，按[F4]（确认）键	[F4]	输入仪器高 仪器高：　　　1.000 m 回退　　　　　　确认
⑤返回放样菜单	—	放样　　　　　　1/2 1.　设置测站点 2.　设置后视点 3.　设置放样点 　　　　　　　P▼

4.5.3 设置后视点

设置后视点见表 4.15。

表 4.15 设置后视点

操作步骤	操作键	显示
①放样菜单 1/2 按数字键[2] (设置后视点),进入后视设置功能。按[F3](NE/AZ)键	2 和[F3]	放样 设置后视点 点名:5 输入　调用　NE/AZ　确认
②[F4]键后视	[F4]	设置后视点 NBS:　　　　　0.000 m EBS:　　　　　0.000 m ZBS:　　　　　0.000 m 回退　　　　角度　确认
③照准后视点,单击确定	—	请照准后视 HR:　225°00′00″ [否]　[是]
④照准后视点	—	
⑤按[F4](是)键。显示屏返回到放样菜单 1/2	[F4]	放样　　　　　　1/2 1.　设置测站点 2.　设置后视点 3.　设置放样点 P ▼

4.5.4 实施放样

实施放样见表4.16。

表 4.16 实施放样

操作步骤	操作键	显示
①放样菜单1/2，按数字键[3]（设置放样点）	[3]	放样 1/2 1. 设置测站点 2. 设置后视点 3. 设置放样点 P ↓
②按[F1]（输入）键	[F1]	放样 设置放样点 点名：6 输入 调用 坐标 确认
③输入点号，按[F4]（确认）键	[F4]	放样 设置放样点 点名：1 回退 调用 数字 确认
④系统查找该点名，并在屏幕显示该点坐标，确认按[F4]（确认）键	[F4]	设置放样点 N: 100.000 m E: 100.000 m Z: 10.000 m >确定吗？ [否] [是]
⑤输入目标高度	[F4]	输入目标高 目标高： 0.000 m 回退 确认

操作步骤	操作键	显示
⑥放样点设定后，仪器就进行放样元素的计算（照准 HR：放样点的水平角计算值；HD：仪器到放样点的水平距离计算值）。照准棱镜中心，按[F1]（距离）键	[F1]	放样 计算值 HR ＝ 45°00′00″ HD ＝　113.286 m 输入　　调用
⑦统计出仪器照准部应转动的角度（ HR ：实际测量的水平角 dHR；对准放样点仪器应转动的水平角＝实际水平角－计算的水平角。当 dHR＝0°00′00″时，即表明找到放样点的方向）	—	HR：　　2° 09′ 30″ dHR：22° 39′ 30″ 平距： dHD： dZ： 测量　　模式　　标高　　下点
⑧按[F1]（测量）键。 平距：实测的水平距离； dHD：对准放样点尚差的水平距离；dZ ＝实测高差－计算高差	[F1]	HR：　　2° 09′ 30″ dHR：22° 39′ 30″ 平距*[单次]　　　　　－＜m dHD： dZ： 测量　　模式　　标高　　下点 HR：　　2° 09′ 30″ dHR：22° 39′ 30″ 平距：　　　　　　25.777 m dHD：　　　　　　－5.321 m dZ：　　　　　　　1.278 m 测量　　模式　　标高　　下点
⑨按[F2]（模式）键进行精测	[F2]	HR：　　2° 09′ 30″ dHR：22° 39′ 30″ 平距*[重复]　　　　　－＜m dHD：　　　　　　－5.321 m dZ：　　　　　　　1.278 m 测量　　模式　　标高　　下点 HR：　　2° 09′ 30″ dHR：22° 39′ 30″ 平距：　　　　　　25.777 m dHD：　　　　　　－5.321 m dZ：　　　　　　　1.278 m 测量　　模式　　标高　　下点

操作步骤	操作键	显示
⑩显示值 dHR、dHD 和 dZ 均为 0 时，则放样点的测设已经完成	—	
⑪按[ESC]键，返回放样计算值界面，按[F2](坐标)键，即显示坐标的差值	[F2]	放样 计算值 HR= 45° 00′ 00″ HD= 113.286 m 距离　坐标 HR： 2° 09′ 30″ dHR： 0° 00′ 00″ dN： 12.322 m dE： 34.286 m dZ： 1.5772 m 测量　模式　标高　下点
⑫按[F4](下点)键，进入下一个放样点的测设	[F4]	放样 设置放样点 点名：2 输入　调用　坐标　确认

4.6.1 实训过程及学习记录

实训任务：根据柱网坐标数据，测站点 M(256.692，368.396，55.62)、后视点 N(254.550，374.412)放样 A、B、C、D 四个柱的位置。

1. 根据给出的测站点、定向点和待放样点坐标，实施点位放样

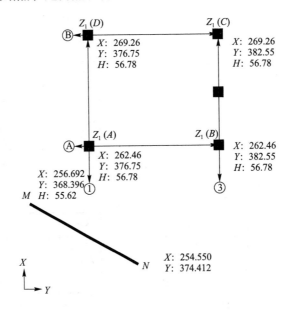

2. 填写观测表(表 4.17)

表 4.17 全站仪点位放样记录表

日期：_____ 天气：_____ 仪器型号：_____ 组号：_____

观测者：_____ 记录者：_____ 立棱镜者：_____

序号	点号	X/m	Y/m	H/m	测站点至后视点的方位角 α	仪器高/m	棱镜高/m	填挖高度/m
1	测站点坐标							
2	后视点坐标							
3	待放样点1							
4	待放样点2							
5	待放样点3							
6	待放样点4							
...	......							

4.6.2 实训过程检验

1. 全站仪坐标放样精度的影响因素有哪些？采用什么措施以提高放样精度？

2. 全站仪坐标放样过程中没有输入仪器高和棱镜高，是否会影响放样点的位置？

4.6.3 实训效果评价

1. 自我评价

实训项目			实训人员	
小组编号			自评得分	
序号	评估项目	分值	实训要求	评定分数
1	任务完成情况	20	按要求完成实训任务	
2	规范使用仪器	20	正确操作仪器、文明实训、仪器未损坏	
3	操作精度、速度	30	工作态度严谨、精益求精、成果满足限差要求	
4	实训纪律	10	按时实训、遵守课堂纪律	
5	团结合作	20	服从组长安排、能配合其他组员工作	

实训总结：

1. 学到的知识、技能点：

2. 不理解的知识点：

2. 同学互评

实训项目			实训人员	
小组编号			互评得分	
序号	评估项目	分值	实训要求	评定分数
1	实训纪律	20	不迟到早退	
2	安全操作	20	安全操作仪器、仪器未损坏	
3	工作态度	20	学习积极主动、有责任心	
4	团队精神	40	有效沟通、主动帮助他人、接受工作分配	
小组评语及建议：				
小组成员：			评价时间：	

3. 教师评价

实训项目			实训人员	
小组编号			教师评价得分	
序号	评估项目	分值	实训要求	评定分数
1	操作程序	20	操作动作规范、操作程序正确	
2	操作速度	20	操作速度快、按时完成实训任务	
3	操作精度	20	观测精度符合精度要求	
4	数据记录	10	记录规范、无转抄、涂改、抄袭	
5	团结合作	20	服从组长安排、能配合其他组员工作	
6	实训纪律	10	按时实训、遵守课堂纪律	
教师评语及建议： 1. 存在的问题： 2. 评语及建议：				
指导教师：			评价时间：	

实训项目 5　GNSS 技术的应用

5.1　GNSS 接收机的构造及使用

班级：_____　姓名：_____　学号：_____　工号：_____　日期：_____　测评等级：_____

实训任务	GNSS 的认识	教学模式	
建议学时	2 学时	教学地点	

任务描述	小黄是我校大三学生，今年参加顶岗实习，工作岗位是测量员。上班第一天接到的任务是利用 GNSS 进行地形图测量。小王是在大一学习的土木工程测量课程，小黄拿到仪器首先要熟悉仪器的构造和使用。那么利用 GNSS 来进行地形图观测需要怎么做呢？GNSS 仪器构造是什么样的呢？
学习目标	1. 熟悉普通大型静态 GNSS 接收机各部件的名称、功能和作用； 2. 认识 HD8200G/X 型单频静态 GNSS 接收机，学习使用 GNSS 接收机进行野外观测； 3. 了解使用 GNSS 仪器的注意事项
学习准备	1. 每一实训小组 6 人，选 1 名小组长，负责仪器领取、保管及交还，成果报告收发； 2. 仪器工具：GNSS1 套（包括 GNSS 接收机 1 台，电池 2 块，充电器 1 个，基座 1 个，卷尺 1 个，连接线，说明书），三脚架 1 个

	工作岗位	时间	时间	时间	时间	时间	时间
教学实施	操作仪器 1（1 人）						
	操作仪器 2（1 人）						
	操作仪器 3（1 人）						
	工具管理（1 人）						
	安全监督（1 人）						
	质量检验（1 人）						

实训注意	1. 在实训期间仪器跟前不准离人，以防人为的跑动碰倒仪器，或是大风刮倒仪器。 2. 仪器安放到三脚架上或取下时，要一手先握住仪器，另一手再拧连接螺旋，以防仪器摔落。操作过程中仪器盒盖好。 3. GNSS 是精密仪器，使用时仪器注意防潮、防水。 4. 不要摔打，敲击或者剧烈振动 GNSS 接收机，避免损坏其中的电子器件。 5. 使用质量比较好的电池。 6. GNSS 接收机后面板的电源接口具有方向性，接电缆线使注意红点对红点拔插，千万不能旋转插头

5.1.1 GNSS 构造

1. 接收机

GNSS 用户接收设备一般称为 GNSS 接收机，由天线、接收机、处理器、输入输出装置和电源 5 个主要部分构成。

为了便于操作和携带，GNSS 接收机在设计上将这 5 个部分分别进行组合，构成了多种类型的组合形式。常见的组合形式是接收机＋天线＋控制器；接收机和天线一体化＋控制器；接收机、天线、控制器一体化。

2. 中海达单频静态 GNSS 接收机

HD8200GGNSS 不需要点间通视，在任何情况下均可进行操作。它可有效地应用于短基线、中等基线及长基线的静态、快速静态测量。它是采用一体化集成的接收机，接收机及天线密封于一体，主机质量只有 0.5 kg，需外接电池，操作简单，坚固耐用，全机只需一个按钮操作。

整个野外观测过程只需利用电源按钮开机和关机就可以了。它应用于快速静态时，一般情况下观测时间需要 1～2 h，具体时间要根据基线的长度决定，其水平精度能达到 5 mm＋1ppm$D$，垂直精度能达到±(10 mm＋2ppm)。另外，它的功耗低，具有高抗干扰能力，可适应野外较为恶劣的环境，工作温度为－40 ℃～70 ℃全封闭。

3. 认识 HD8200G 型单频静态 GNSS 接收机的各个部件

(1)面板功能介绍(了解)。

双击[F]键(间隔＞0.1 s，小于 1.2 s)，进入"采样间隔"设置，按[F]键有 1 s、5 s、10 s、15 s 循环选择，按电源键确定。超过 10 s 未按电源键确定，则自动确定。

长按[F]键大于 3 s，进入"卫星截止角"设置，按[F]键有 5°、10°、15°、20°循环选择，按[F]键确定。超过 10 s 未按[F]键确定，则自动确定。

注意：已经进入记录文件状态后，如果改变了卫星截止角度和采样间隔，会关闭之前的文件，重新建立文件采集。

单击[F]键，当未进入文件记录状态时，语音提示当前卫星数、采样间隔和卫星截止角。若已经进入文件记录状态，则仅卫星灯闪烁，闪烁次数表示当前卫星颗数。

按住电源键 1 s 开机；长按[F]键 3 s 则关机。

在同时按下电源键和[F]键时，会恢复到出厂初始设置，采样间隔为 5 s，卫星截止角度为 10°，并重新建立文件采集。

(2)面板指示灯介绍。

LED 灯介绍：HD8200G 的三个 LED 灯分别是电源指示灯，数据记录灯，卫星跟踪灯。在 OFF 状态下，电源指示灯表明系统处于关机状态；记录指示灯表明系统没有记录数据，或测量还没有开始，或接收机内存一满，导致增加的数据不能被记录。卫星指示灯表明没有卫星跟踪。在 ON 状态下，电源指示灯表明接收机处于开机状态，正常供电；记录指示灯表明正常记录数据；卫星跟踪灯表明接收到卫星。

在慢闪状态下，记录指示灯根据设定的采样间隔，每隔一定的时间闪动一次，每闪一次表明记录一个数据。卫星指示灯连续闪动的次数表明接收卫星的颗数。在快闪状态下，电源指示灯表明电量不足，需要更换电池，或外部电源不能提供足够的电能。记录指示灯快闪仍正常记录，但它表明剩下的内存不多。卫星指示灯快闪表明接收机了 3 颗或更少的卫星，如图 5.1 所示。

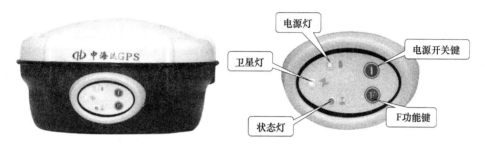

图 5.1　HD8200X 操作面板

5.1.2　GNSS 接收机的使用

1. GNSS 接收机安置方法

外业测量工作中一般将 GNSS 接收机安置在三脚架上，测量工作开始前要进行仪器的对中整平。

2. 量取天线高

在每时段观测前、后各量取天线高一次，精确至毫米。采用倾斜测量方法，从脚架互成 120°的三个空挡测量天线挂钩至中心标志面的距离，互差小于 3 mm，取平均值。

GNSS 技术的应用实训报告一 GNSS 接收机认识和操作实训

5.2.1　实训过程及学习记录

(1)熟悉静态 GNSS 接收机各部件的名称、功能和作用(表5.1)。

表5.1　GNSS 各组成部分及其功能

序号	部件名称	作用
1	电源灯	
2	卫星灯	
3	状态灯	
4	F 功能键	

(2)根据作业计划,在规定的时间内开机。做好每一个测站记录,见表5.2。

表5.2　GNSS 接收机认识观测记录表

日期	点名		开机时间	
	观测时段		关机时间	
测量次数	测前天线高/m	测后天线高/m	接收机名称及编号	
第一次测量				
第二次测量			天气状况	
第三次测量				
平均值			观测员签字	
记事:				

5.2.2　实训过程检验

1. 在每个时段观测,各量取天线高一次,精确至_____。采用_____方法,从脚架互成 120°的三个空挡测量_____至中心标志面的距离,互差小于 3 mm 时取_____。

2. 测站记录的内容是什么?

3. [F]键的主要功能有哪些?

5.2.3 实训效果评价

1. 自我评价

实训项目			实训人员		
小组编号			自评得分		
序号	评估项目	分值	实训要求		评定分数
1	任务完成情况	20	按要求完成实训任务		
2	规范使用仪器	20	正确操作仪器、文明实训、仪器未损坏		
3	操作精度、速度	30	工作态度严谨、精益求精、成果满足限差要求		
4	实训纪律	10	按时实训、遵守课堂纪律		
5	团结合作	20	服从组长安排、能配合其他组员工作		
实训总结: 1. 学到的知识、技能点: 2. 不理解的知识点:					

2. 同学互评

实训项目			实训人员	
小组编号			互评得分	
序号	评估项目	分值	实训要求	评定分数
1	实训纪律	20	不迟到早退	
2	安全操作	20	安全操作仪器、仪器未损坏	
3	工作态度	20	学习积极主动、有责任心	
4	团队精神	40	有效沟通、主动帮助他人、接受工作分配	
小组评语及建议: 小组成员: 评价时间:				

3. 教师评价

实训项目			实训人员		
小组编号			教师评价得分		
序号	评估项目	分值	实训要求		评定分数
1	操作程序	20	操作动作规范、操作程序正确		
2	操作速度	20	操作速度快、按时完成实训任务		
3	操作精度	20	观测精度符合精度要求		
4	数据记录	10	记录规范、无转抄、涂改、抄袭		
5	团结合作	20	服从组长安排、能配合其他组员工作		
6	实训纪律	10	按时实训、遵守课堂纪律		

教师评语及建议：

1. 存在的问题：

2. 评语及建议：

指导教师：　　　　　　　　　　　　　　　　　　　评价时间：

5.3　GNSS 控制测量数据采集与处理

班级：_____　姓名：_____　学号：_____　工号：_____　日期：_____　测评等级：_____

实训任务	GNSS 控制测量数据采集与处理		教学模式	
建议学时	4 学时		教学地点	

任务描述	小黄对 GNSS 的构造有了充分地认识和了解，要使用 GNSS 技术进行地形图测量。首先需要先进行控制测量，获取控制点的坐标，任务要求在现场做 5 个控制点，已知两个点的坐标为 A(1 208.117, 1 115.211, 56.374)、B(1 208.117, 1 129.715, 58.629)，那么，如何用 GNSS 技术来进行控制测量获取控制点的坐标呢
学习目标	1. 熟练掌握 GNSS 接收机的使用方法，外业观测的记录要求，选点、埋石的要求； 　　2. 合理分配时段、掌握星历预报对时段的要求，PDOP 值的大小对观测精度的影响，图形结构的设计及外业工作； 　　3. 培养学生热爱本职工作，关心集体，爱护仪器与工具的良好职业道德及对工作认真负责，对技术精益求精的工作作风
学习准备	1. 每一实训小组 6 人，选 1 名小组长，负责仪器领取、保管及交还，成果报告收发； 　　2. 仪器工具：GNSS 接收机(含电池)、基座、脚架若干台，作业调度表，外业观测手簿，小钢尺，铅笔，安装有传输软件和数据处理软件的计算机，数据传输线若干根，便携式存储器

教学实施	工作岗位	时间	时间	时间	时间	时间	时间
	操作仪器 1(1 人)						
	操作仪器 2(1 人)						
	操作仪器 3(1 人)						
	工具管理(1 人)						
	安全监督(1 人)						
	质量检验(1 人)						

实训注意	1. 观测组必须严格遵守调度命令，按规定时间同步观测同一组卫星。未按计划到达点位时，应及时通知其他各组，并经观测计划编制者同意对时段做必要调整，观测组不得擅自更改观测计划。 　　2. 一个时段观测过程中严禁进行以下操作：关闭接收机重新启动；进行自测试(发现故障除外)；改变接收设备预置参数；改变天线位置；按关闭和删除文件功能等。 　　3. 观测期间作业员不得擅自离开测站，并应防止仪器受震动和被移动，要防止人员或其他物体靠近、碰动天线或阻挡信号。 　　4. 在作业过程中，不应在天线附近使用无线电通信。当必须使用时，无线电通信工具应距天线10 m 以上。雷雨过境时应关机停测，并卸下天线以防雷击

5.3.1 GNSS 控制测量数据采集与处理工作内容

1. 准备工作

领取 GNSS 接收机及物品，搜集资料。

2. GNSS 控制网的布设

收集、查阅资料、测区踏勘，技术设计、实地选点埋石。根据已有的坐标点作为已知点，设计 GNSS 控制网，其各项技术要求、技术指标均以规范为依据。

3. 星历预报

作业组在进入测区观测前，应事先编制 GNSS 卫星可见性预报表。预报表包括可见卫星号、卫星高度角和方位角、最佳观测卫星组、最佳观测时间、点位图形、几何图形强度因子等内容。

4. 制订观测计划

根据卫星可见性预报表、参加作业的接收机台数、点位交通情况、GNSS 网形设计等因素，进行观测纲要设计。

5. GNSS 接收机检验

经过一般检视、通电检验和实测检验，提交检验报告。

6. 静态外业观测

观测组遵守调度命令，按规定时间同步观测同一组卫星。

7. 外业观测记录

测量手簿使用铅笔在现场按作业顺序完成记录。其内容包括测点点名、仪器类型、仪器型号、观测时段、天线高、开机时间、关机时间等。

8. 静态数据传输

将静态数据文件下载至特定路径下，备份并转换至特定数据格式。

9. 静态数据处理

利用 TGO 软件，用已有坐标进行平差，包括定义椭球元素、选择坐标系及投影参数、导入数据、解算基线、检验基线闭合差、网平差、成果导出。

5.3.2 准备工作

1. 使用的仪器及物品

GNSS 接收机（含电池）、基座、脚架若干台，作业调度表，外业观测手簿，小钢尺，铅笔，安装有传输软件和数据处理软件的计算机，数据传输线若干根，便携式存储器。

2. 搜集资料

(1)广泛收集测区及其附近已有的控制测量成果和地形图资料。

1)控制测量资料包括成果表、点之记、展点图、路线图、计算说明和技术总结等。收集资料时要查明施测年代、作业单位、依据规范、坐标系统和高程基准、施测等级和成果的精度评定。

2)收集的地形图资料包括测区范围内及周边地区各种比例尺地形图和专业用图,主要查明地图的比例尺、施测年代、作业单位、依据规范、坐标系统、高程系统和成图质量等。

3)如果收集到的控制资料的坐标系统、高程系统不一致,则应收集、整理这些不同系统间的换算关系。

(2)收集有关 GNSS 测量定位的技术要求。通过参考测量规范,收集有关的测量技术要求。

GNSS 测量规范如下:

1)《全球定位系统(GNSS)测量规范》(GB/T 18314—2009);

2)《卫星定位城市测量技术标准》(CJJ/T 73—2019);

3)《公路勘测规范》(JTG C10—2007);

4)《铁路工程卫星定位测量规范》(TB 10054—2010);

5)《测绘技术总结编写规定》(CH/T 1001—2005);

6)《城市测量规范》(CJJ/T 8—2011);

7)《全球定位系统(GNSS)测量型接收机检定规程》(CH 8016—1995)。

5.3.3　GNSS 控制网的布设

1. GNSS 网图形设计原则

(1)GNSS 网应根据测区实际需要和交通状况、作业时的卫星状况、预期达到的精度、成果的可靠性及工作效率,按照优化设计原则进行。

(2)GNSS 网一般应通过独立观测边构成闭合图形,例如一个或若干个独立观测环,或者附合路线形式,以增加检核条件,提高网的可靠性。

(3)GNSS 网的点与点之间不要求通视,但应考虑常规测量方法加密时的应用,每点应有一个以上通视方向。

(4)在可能条件下,新布设的 GNSS 网应与附近已有的 GNSS 网点进行联测;新布设的 GNSS 网点应尽量与地面原有控制网点相连接,连接处的重合点数不应少于三个,且分布均匀,以便可靠地确定 GNSS 网与原有网之间的转换参数。

(5)GNSS 网点,应利用已有水准点联测高程。C 级网每隔 3~6 点联测一个高程点,D 和 E 级网视具体情况确定联测点数。A 和 B 级网的高程联测分别采用三、四等水准测量的方法;C 至 E 级网可采用等外水准测量或与其精度相当的方法进行。

2. GNSS 布网等级

这种模式采用两台(或两台以上)GNSS 接收机,分别安置在一条或数条基线的两端,同步观测 4 颗以上卫星，每时段根据基线长度和测量等级观测相应的时间。

按《全球定位系统(GPS)测量规范》(GB/T 18314－2009)将 GNSS 的测量精度分为 A、B、C、D、E 五级。B、C、D、E 级精度不低于表 5.3。

表 5.3　GNSS 的测量精度要求

级别	相邻点基线分量中误差		相邻点间平均距离/km
	水平分量/mm	垂直分量/mm	
B	5	10	50
C	10	20	20
D	20	40	5
E	20	40	3

各级 GNSS 网点应均匀分布，相邻点间距离最大不宜超过该网平均点间距的 2 倍。

3. GNSS 网的密度设计

在 GNSS 方案设计时，首先应根据测量任务书提出的 GNSS 网的密度和经济指标要求，再结合规范(规程)规定及现场踏勘具体确定各点间的连接方法，各点设站观测的次数、时间长短等布网观测方案。

各种不同的任务要求和服务对象，对 GNSS 点的分布要求也不同。对于一般城市和工程测量布设点的密度主要满足测图加密与工程测量的需要，平均边长一般在几千米以内(表 5.4)。

表 5.4　GNSS 网中相邻点间距离　　　　　　　　　　　　km

项目 \ 级别	二等	三等	四等	一级	二级
相邻点最小距离	3	2.5	1	0.5	0.5
相邻点最大距离	27	15	6	3	3
相邻点平均距离	9	5	2	1	<1
闭合环或附合路线的边数	≤6	≤8	≤10	≤10	≤10

4. GNSS 控制网的选点、埋石

(1)点位的选择应符合技术设计要求，并有利于其他测量手段进行扩展与联测；

(2)点位的基础应坚实稳定，易于长期保存，并应有利于安全作业；

(3)周围应便于安置接收设备和操作，视野开阔，被测卫星的地平高度角应大于 15°；

(4)点位应远离大功率无线电发射源(如电视台、微波站等)，其距离不小于 200 m，并应远离高压输电线，其距离不得小于 50 m；

(5)附近不应有强烈干扰接收卫星信号的物体；

(6)交通应便于作业；

(7)充分利用符合要求的旧有控制点及其标石和觇标。

鉴于所选待定点是临时性使用，可埋设简易标志即可，如木桩、水泥钉。选点埋石后应提交 GNSS 点点之记和 GNSS 网的选点网图。GNSS 点点之记可参照导线点点之记。

5.3.4　星历预报

通过上网下载或实测的方法获取历书文件，利用数据处理软件加载该历书文件，从而获取预报结果。

编制预报表所用概略位置坐标应采用测区中心位置的经纬度。预报时间应选用作业期的中间时间。当测区较大，作业时间较长时，应按不同时间和地区分段编制预报表，编制预报表所用概略星历龄期不应超过 20 d，否则应重新采集一组新的概略星历。

5.3.5　制订观测计划

(1)确定测量模式；
(2)选定最佳观测时段；
(3)确定同步观测时段长度及起止时分；
(4)编制观测计划表，填写并下达作业调度命令；
(5)根据实际作业的进展情况，及时调整观测计划和调度命令。

5.3.6　GNSS 接收机检验

1. 一般检视

接收机及天线型号应正确，外观是否良好；各种部件及其附件是否齐全、完好；紧固部件不得松动和脱落；设备的使用手册应齐全。

2. 通电检验

首先，正确连接电缆；其次，通电检验有关信号灯、按键、显示系统以及仪表、测试系统是否正常；最后，按操作步骤进行卫星的捕获与跟踪，检验其工作情况。

3. 实测检验

应在不同长度的标准基线上或专设的 GNSS 测量检验场上进行。对广大用户而言，可采用较为简单的超短基线(准确测得它的实际长度)，作为检测的标准值。

5.3.7　GNSS 控制测量静态外业观测

首先把 GNSS 接收机调到"静态"模式。对中整平 GNSS 接收机、测量仪高、开机观测、做好观测记录，如图 5.2 所示。

特别提示：用三脚架安置天线时，其对中误差不应大于 1 mm；每时段观测前后各量取天线高一次，两次量高之差不应大于 3 mm。

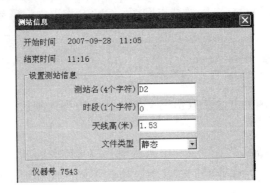

图 5.2　接收机工作状态正常

1. 各级测量作业基本技术要求

设置 GNSS 采样间隔和高度截止角及同步时段长度见表 5.5（同步的几台 GNSS 要设置相同）。

表 5.5　各级 GNSS 测量基本技术要求规定

级别 项目	AA	A	B	C	D	E
卫星截止高度角/°	10	10	10	15	15	15
同时观测有效卫星数	≥4	≥4	≥4	≥4	≥4	≥4
有效观测卫星总数	≥20	≥20	≥20	≥6	≥4	≥4
观测时段数	≥10	≥6	≥21	≥2	≥1.6	≥1.6

2. 外业观测记录

GNSS 控制测量静态外业观测如图 5.3 所示。

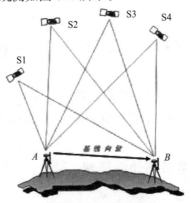

图 5.3　GNSS 控制测量静态外业观测

（1）测站名的记录：测站名应符合实际点位；

（2）时段号的记录：时段号应符合实际观测情况；

（3）接收机号的记录：应如实反映所用接收机的型号；

（4）起止时间的记录：起止时间宜采用协调世界时 UTC，填写至时、分。当采用北京标准时 BST 时，应与 UTC 进行换算；

（5）天线高的记录：观测前后量取天线高的互差应在限差之内，取平均值作为最后结果，精确至 0.001 m；

（6）预测 GNSS 数据文件格式：根据观测当天的日期、接收机号和时段号写出的数据文件，应与数据传输出来的格式一致；

（7）测量手簿必须使用铅笔在现场按作业顺序完成记录，字迹要清楚、整齐美观，不得连环涂改、转抄。如有读、记错误，可整齐划掉，将正确数据写在上面并注明原因；

（8）严禁事后补记或追记，并按网装订成册，交内业验收。

3. 静态数据传输

用数据传输线正确连接 GNSS 接收机和计算机，数据线不应有扭曲，接口应直插直拔，不应有扭转。

（1）及时将当天观测记录结果录入计算机，并复制成一式两份；

（2）数据文件备份时，宜以观测日期为目录名，各接收机为子目录名，把相应的数据文件存入其子目录。存放数据文件的存储器应制贴标签，标明文件名、网名、点名、时段号和采集日期、测量手簿应编号；

（3）制作数据文件备份时，不得进行任何剔除或删改，不得调用任何对数据实施重新加工组合的操作指令；

（4）数据在备份后，宜通过数据处理软件转换至 RINEX 通用数据格式，以便与各类商用数据处理软件兼容。

5.3.8　GNSS 控制测量静态数据处理

GNSS 静态数据处理流程见表 5.6。

表 5.6　GNSS 静态数据处理流程

序号	数据处理过程	叙述说明	备注
1	坐标系统编辑	TGO/功能/Coordinate System Manager，进入坐标管理器（在进行一个 GNSS 工程项目计算之前，首先要按照工程的要求选择坐标系统）。 若没有该系统，则要建立新的椭球，输入新的椭球参数，增加基准转换，创建新的基准转换组，输入转换参数，增加坐标系统组等工作	

序号	数据处理过程	叙述说明	备注
2	新建项目	选择米制模板，命名，改变坐标系统	
3	导入数据	导入所有的数据，根据天线高记录编辑点名、天线类型、量测方式、天线高	
4	处理基线	设置基线解算的控制参数； 可按照默认或修改； 高度角限制编辑因子	
5	自由网平差	选择基准，编辑平差样式，进行平差。 平差结束后，查看平差报告是否通过	
6	约束平差/点校正	如果是北京 54 坐标系或国家 80 坐标系，进行约束平差； 如果是城建坐标系，进行点校正	
7	输出坐标	平差结果应输出国家或地方坐标系的坐标	

GNSS 技术的应用实训报告二
GNSS 控制测量数据采集与处理实训

5.4.1 实训过程及学习记录

(1)选点埋石后应提交 GNSS 点点之记(表 5.7)。

表 5.7　GNSS 点点之记

项目名称						
点　　名		点　　号			类　　级	
所在地		地　　类			高　　程	
所在图幅		概略位置				
本点交通情况			交通路线图			
点位描述						
选点、埋点情况			点位略图			
选点员		日期				
埋点员		日期				
联测坐标与高程情况						
利用旧点及情况						
标石断面图						
			施测单位			
			接收单位			
备注						

（2）根据作业计划，在规定的时间内开机，做好每一个测站记录（表5.8）。

表5.8　GNSS 测量作业调度表及 GNSS 网图

时段编号	观测时间	测站号/名	测站号/名	测站号/名	GNSS 网图
		机号	机号	机号	
1					
2					
3					

（3）GNSS 外业观测手簿的记录（表5.9、表5.10）。

表5.9　GNSS 外业观测手簿

点号		点名		观测日期	
测量员		接收机编号		观测时段号	
接收机型号		天气状况		天线类型	
开机时间		关机时间		天线高/m	
开机时天线高/m		关机时天线高/m		天线高量取方式	
备注：					
点号		点名		观测日期	
测量员		接收机编号		观测时段号	
接收机型号		天气状况		天线类型	
开机时间		关机时间		天线高/m	
开机时天线高/m		关机时天线高/m		天线高量取方式	
备注：					
点号		点名		观测日期	
测量员		接收机编号		观测时段号	

点号		点名		观测日期	
接收机型号		天气状况		天线类型	
开机时间		关机时间		天线高/m	
开机时天线高/m		关机时天线高/m		天线高量取方式	
备注：					

点号		点名		观测日期	
测量员		接收机编号		观测时段号	
接收机型号		天气状况		天线类型	
开机时间		关机时间		天线高/m	
开机时天线高/m		关机时天线高/m		天线高量取方式	
备注：					

点号		点名		观测日期	
测量员		接收机编号		观测时段号	
接收机型号		天气状况		天线类型	
开机时间		关机时间		天线高/m	
开机时天线高/m		关机时天线高/m		天线高量取方式	
备注：					

点号		点名		观测日期	
测量员		接收机编号		观测时段号	
接收机型号		天气状况		天线类型	
开机时间		关机时间		天线高/m	
开机时天线高/m		关机时天线高/m		天线高量取方式	
备注：					

点号		点名		观测日期	
测量员		接收机编号		观测时段号	
接收机型号		天气状况		天线类型	
开机时间		关机时间		天线高/m	
开机时天线高/m		关机时天线高/m		天线高量取方式	

点号		点名		观测日期	
备注:					

点号		点名		观测日期	
测量员		接收机编号		观测时段号	
接收机型号		天气状况		天线类型	
开机时间		关机时间		天线高/m	
开机时天线高/m		关机时天线高/m		天线高量取方式	
备注:					

点号		点名		观测日期	
测量员		接收机编号		观测时段号	
接收机型号		天气状况		天线类型	
开机时间		关机时间		天线高/m	
开机时天线高/m		关机时天线高/m		天线高量取方式	
备注:					

表 5.10　GNSS 静态数据处理成果

序号	控制点点号	X(北坐标/m)	Y(东坐标/m)	Z(高程/m)
1				
2				
3				
4				
5				

5.4.2 实训过程检验

1. 如果观测时有汽车在 GNSS 网点附近不停地过往，观测数据的质量是否会受到影响？

2. 校内实训外业观测中每组一般有 6~8 人，要组织妥当，成员如何分工？

5.4.3 实训效果评价

1. 自我评价

实训项目			实训人员	
小组编号			自评得分	
序号	评估项目	分值	实训要求	评定分数
1	任务完成情况	20	按要求完成实训任务	
2	规范使用仪器	20	正确操作仪器、文明实训、仪器未损坏	
3	操作精度、速度	30	工作态度严谨、精益求精、成果满足限差要求	
4	实训纪律	10	按时实训、遵守课堂纪律	
5	团结合作	20	服从组长安排、能配合其他组员工作	

实训总结：

1. 学到的知识、技能点：

2. 不理解的知识点：

2. 同学互评

实训项目				实训人员	
小组编号				互评得分	
序号	评估项目	分值	实训要求		评定分数
1	实训纪律	20	不迟到早退		
2	安全操作	20	安全操作仪器、仪器未损坏		
3	工作态度	20	学习积极主动、有责任心		
4	团队精神	40	有效沟通、主动帮助他人、接受工作分配		
小组评语及建议：					
小组成员：				评价时间：	

3. 教师评价

实训项目				实训人员	
小组编号				教师评价得分	
序号	评估项目	分值	实训要求		评定分数
1	操作程序	20	操作动作规范、操作程序正确		
2	操作速度	20	操作速度快、按时完成实训任务		
3	操作精度	20	观测精度符合精度要求		
4	数据记录	10	记录规范、无转抄、涂改、抄袭		
5	团结合作	20	服从组长安排、能配合其他组员工作		
6	实训纪律	10	按时实训、遵守课堂纪律		
教师评语及建议： 1. 存在的问题： 2. 评语及建议： 					
指导教师：				评价时间：	

GNSS－RTK／CORS 数字测图

班级：_____ 姓名：_____ 学号：_____ 工号：_____ 日期：_____ 测评等级：_____

实训任务	GNSS－RTK/CORS 数字测图	教学模式	
建议学时	4 学时	教学地点	
任务描述	小黄完成 GNSS 静态观测及数据处理获得了 5 个控制点的坐标，下一步工作是用 GNSS 来进行碎部数据采集，完成数字地形图的绘制工作		
学习目标	1. 熟练运用 GNSS－RTK／CORS 进行碎部测量，完成数据的传输。 2. 会用成图软件进行数字成图		
学习准备	1. 每一实训小组 6 人，选 1 名小组长，负责仪器领取、保管及交还，成果报告收发； 2. 仪器工具：GNSS 基准站接收机(含电池)、GNSS 流动站接收机(含电池)、基座、脚架若干台、手簿、数据传输线		

教学实施	工作岗位	时间	时间	时间	时间	时间	时间
	操作仪器 1(1 人)						
	操作仪器 2(1 人)						
	操作仪器 3(1 人)						
	工具管理(1 人)						
	安全监督(1 人)						
	质量检验(1 人)						

实训注意	1. 仪器工作正常后，应及时填写外业观测记录纸中的有关内容。 2. 作业期间，观测人员不能擅自离开测站，并应防止仪器受振动或被移动，防止人和其他物体靠近天线，遮挡卫星信号。雷雨过境时应关机停测，并卸下天线以防雷击。 3. 观测中应保证接收机工作正常，数据记录正确，观测结束后，应及时将数据下载到计算机上。 4. 在信号受影响的点位，为提高效率，可将仪器移到开阔处或升高天线，待数据链锁定后，再小心无倾斜地移回待定点或放低天线，一般可以初始化成功。 5.RTK 作业应尽量在天气良好的状况下作业，要尽量避免雷雨天气。夜间作业精度一般优于白天

5.5.1 GNSS－RTK/CORS 数字测图方法选择

1. GNSS－RTK 数字测图

经架设基准站、启动基准站、启动流动站、点校正，流动站开始碎部测量，同时绘制草图；然后，经测量成果检核将 RTK 数据传输至相应路径，将数据导入 CASS 成图软件，根据所画草图绘制地形图。

2. CORS 数字测图

采用 GPRS 通信方式连接服务器，启动 RTK 流动站开始碎部测量，同时绘制草图；然后，经测量成果检核将 RTK 数据传输至相应路径，将数据导入 CASS 成图软件，根据所画草图绘制地形图。

5.5.2 GNSS－RTK 测图步骤

1. 安置仪器

RTK 设备可分为基准站和流动站两部分。基准站包括三脚架、主机、转换器（放大器）、电源（蓄电池）、天线、连接电缆；流动站包括碳素对中杆、主机、手簿。手簿和主机之间使用蓝牙传输。目前，很多 RTK 设备向一体化发展，使用内置电源，不再使用沉重的大电瓶。同时，数据链发送天线（UHF）也逐渐使用内置电台。有些 RTK 设备同时具备电台传输（UHF）和通信网络传输（GPRS）两种功能，在测区较小时使用电台传输，测区较大时使用通信传输。

RTK 基准站的设置可分为基准站架设在已知点和未知点两种情况。常用的方法是将基准站架设在一个地势较高、视野开阔的未知点上，使用流动站在测区内的两个或两个以上的已知点上进行点校正，并求解转换参数。

通常基准站和流动站安置完毕之后，打开主机及电源，建立工程或文件，选择坐标系，输入中央子午线经度和 y 坐标加常数。通常建立一个工程，以后每天工作时新建文件即可。

2. 求解参数

GNSS 接收机输出的数据是 WGS-84 经纬度坐标，需要转化到施工测量坐标，这就需要软件进行坐标转换参数的计算和设置。四参数是同一个椭球内不同坐标系之间进行转换的参数。四参数指的是在投影设置下选定的椭球内 GNSS 坐标系和施工测量坐标系之间的转换参数。四参数的四个基本项分别是：X 平移、Y 平移、旋转角和比例。需要特别注意的是，参与计算的控制点原则上至少要用两个或两个以上的点，控制点等级的高低和分布直接决定了四参数的控制范围。经验上四参数理想的控制范围一般都在 $5\sim7$ km。

南方测绘灵锐系列 RTK 提供的四参数的计算方式有以下几种：

（1）利用"控制点坐标库"求解参数，人工输入两控制点的 GNSS 经纬度坐标和已知坐标，从而解算四参数。

（2）利用"校正向导"求解参数，使用两点校正功能，在两个已知点上分别做校正，则软件会自动记录下求得的转换参数。

（3）直接导入参数文件"．cot"，在南方静态 GNSS 数据处理软件 GPSadj 中，将测区静态控制时得到的参数文件复制到手簿中相应的工程文件夹中。具体步骤：［成果］→［网平差成果输出］→［工程之星 COT］。

（4）直接输入参数，在手簿中建完工程之后，直接将解算得到的四参数输入工程之星软件的设置四参数菜单。

3. 检验校正

点校正是 RTK 测量中一项重要工作，每天测量工作开始之前都要进行点校正。如果工程文件中已经输入转换参数，则每次工作之前找到一个控制点，输入已知坐标，进行单点校正；然后，找到邻近的另一个控制点，测量其坐标；最后，和已知坐标对比，即可验证。点校正时一定要精确对中整平仪器。碎部测量过程中如果出现基准站位置有变化等提示，通常都是基准站位置变化或电源断开等原因造成，此时需要重新进行点校正。

4. 碎部测量

RTK 碎部点采集的过程同全站仪类似，在各碎部点上采点，存入仪器内存，同时按照存储的点号绘制草图。采点时一定要在固定解（FIXD）状态下采点，PDOP 值也有要求。数据采集时 RTK 跟踪杆气泡尽量保持水平，否则天线几何相位中心偏离碎部点距离过大，降低精度。

GNSS 技术的应用实训报告三
GNSS－RTK/CORS 数字测图实训

5.6.1 实训过程及学习记录

1. 碎部点采集草图绘制(表 5.11、表 5.12)

表 5.11　已知点坐标

序号	控制点点号	X(北坐标/m)	Y(东坐标/m)	Z(高程/m)
1				
2				
3				
4				
5				
6				

表 5.12　GNSS 碎部测量草图

2. 导出数据

用数字成图软件 CASS 软件进行地形图的绘制。

5.6.2 实训过程检验

1. 空间坐标、国家坐标或工程局域坐标有什么区别?

2. 采用哪些方法和手段可以提高数字化测图精度?

5.6.3 实训效果评价

1. 自我评价

实训项目			实训人员		
小组编号			自评得分		
序号	评估项目	分值	实训要求		评定分数
1	任务完成情况	20	按要求完成实训任务		
2	规范使用仪器	20	正确操作仪器、文明实训、仪器未损坏		
3	操作精度、速度	30	工作态度严谨、精益求精、成果满足限差要求		
4	实训纪律	10	按时实训、遵守课堂纪律		
5	团结合作	20	服从组长安排、能配合其他组员工作		
实训总结: 1. 学到的知识、技能点: 2. 不理解的知识点:					

2. 同学互评

实训项目			实训人员		
小组编号			互评得分		
序号	评估项目	分值	实训要求		评定分数
1	实训纪律	20	不迟到早退		
2	安全操作	20	安全操作仪器、仪器未损坏		
3	工作态度	20	学习积极主动、有责任心		
4	团队精神	40	有效沟通、主动帮助他人、接受工作分配		
小组评语及建议: 小组成员: 　　　　　　　　　　　　　　评价时间:					

3. 教师评价

实训项目				实训人员	
小组编号				教师评价得分	
序号	评估项目	分值	实训要求		评定分数
1	操作程序	20	操作动作规范、操作程序正确		
2	操作速度	20	操作速度快、按时完成实训任务		
3	操作精度	20	观测精度符合精度要求		
4	数据记录	10	记录规范，无转抄、涂改、抄袭		
5	团结合作	20	服从组长安排、能配合其他组员工作		
6	实训纪律	10	按时实训、遵守课堂纪律		

教师评语及建议：

1. 存在的问题：

2. 评语及建议：

指导教师：   评价时间：

5.7　RTK 工程施工放样

班级：_____　姓名：_____　学号：_____　工号：_____　日期：_____　测评等级：_____

实训任务	RTK 工程施工放样	教学模式	
建议学时	4 学时	教学地点	

| 任务描述 | 小黄在完成了测图工作任务后，又接到了新的放样任务，是一所在建大学的中心花园定位放样，花园的四个角点为圆弧形，使用 RTK 放样程序如何来完成呢 | |

（图：教师公寓、学院大街、居民楼、中心花园 232 8 450.9 / 8 450.9、学院一街、学院二街、教学主楼 等标注，角点数据 5.27 12 11 5.45 10.5、64.21、5.5 5.52 2.1 2.34、95.15、95.89、9.9 3.9 74.1 3.9、67.48、4.26 4 5 6 3.79）

学习目标	1. 掌握利用 RTK 进行工程施工放样的过程； 2. 了解点放样方法、直线放样的方法

学习准备	1. 每一实训小组 6 人，选 1 名小组长，负责仪器领取、保管及交还，成果报告收发； 2. 仪器工具：GNSS 基准站接收机(含电池)、GNSS 流动站接收机(含电池)、基座、脚架若干台、手簿、数据传输线

教学实施	工作岗位	时间	时间	时间	时间	时间	时间
	操作仪器 1(1 人)						
	操作仪器 2(1 人)						
	操作仪器 3(1 人)						
	工具管理(1 人)						
	安全监督(1 人)						
	质量检验(1 人)						

实训注意	1. 在实训期间仪器跟前不准离人，以防人为的跑动碰倒仪器，或是大风刮倒仪器。 2. 仪器安放到三脚架上或取下时，要一手先握住仪器，再拧连接螺旋，以防仪器摔落。 3. 操作过程中仪器盒盖好

5.7.1　RTK施工放样的工作内容

(1)测线设计(既可在计算机上设计,也可在手簿上设计)。

(2)基准站设置和参数输入。

(3)流动站设置和参数输入。

(4)按设计测量和采点(线路放样时测线上按线路测量和采点)。

(5)查看卫星可见状况显示,自动接受或用户自定义容差,均方根误差(RMS)显示。

(6)图解式放样,通过前后、左右偏距控制,能快速完成放样工作。

(7)存储点名、点属性与坐标。

5.7.2　RTK施工放样步骤

1. 新建任务

架设基准站和流动站仪器,打开手簿软件。新建任务,启动基准站和流动站,进行点校正。当进入"固定"状况,可以进入碎部测量阶段。

2. 已知数据输入

(1)点的键入,输入已知点坐标。

(2)直线的键入。

(3)键入道路。

用RTK去放样一条道路,首先应根据元素法去定义一条道路是最方便的使用方法。当然,也可以选择以前定义好的道路进行编辑。

可以在元素管理器里面的直线管理器和道路管理器查看已有的直线及道路信息。

3. 导入数据文件

使用坐标进行放样时,若输入大量的已知点到手簿,既浪费时间又易出错。

可把已知数据根据导入要求编辑成指定格式;再把编辑好的文件复制到当前任务所在目录下(也可复制到主内存任一文件夹下,通过文件夹浏览找到此文件)。

4. 点放样

事先上传需要放样的坐标数据文件,或现场编辑放样数据。选择RTK手簿中的点位放样功能,现场输入或从预先上传的文件中选择待放样点的坐标,仪器会计算出RTK流动站当前位置和目标位置的坐标差值(ΔX、ΔY),并提示方向。按提示方向前进,即将达到目标点处时,屏幕会有一个圆圈出现,指示放样点和目标点的接近程度。精确移动流动站,使得ΔX和ΔY小于放样精度要求时钉木桩,然后精确投测小钉。将棱镜立于桩顶上同时测距,仪器会显示出棱镜当前高度和目标高度的高差,将该高差用记号笔标注于木桩侧面,即该点填挖高度。按同样方法放样其他各待定点。

5. 线放样

在电力线路、渠道、公路、铁路等工程的直线段放样过程中，可使用线放样功能。线放样是指在线放样功能下，输入始末两点的坐标，系统自动解算出 RTK 流动站当前位置到已知的设置直线的垂直距离，并提示"左偏"或"右偏"。当 RTK 流动站位于测线上之后，会显示当前位置到线路起点或终点的位置，据此放样各直线段桩位。

5.8 实训报告四 RTK 工程施工放样实训

5.8.1 实训过程及学习记录

填写表 5.13GNSS-RTK 放样记录手簿。

表 5.13 GNSS-RTK 放样记录手簿

工程部位：		任务名：		测量日期：		
基准站仪器编号			流动站仪器编号			
基准站仪器高度	（任意站可不量取）		流动站仪器高度			
测站信息	基准站点名：			基准站附近点检查		
	X/m	Y/m	H/m	$\Delta X/mm$	$\Delta Y/mm$	$\Delta H/mm$
流动站信息	作业前检查点名：			检查结果		
	X/m	Y/m	H/m	$\Delta X/mm$	$\Delta Y/mm$	$\Delta H/mm$
	作业后检查点名：			检查结果		
	X/m	Y/m	H/m	$\Delta X/mm$	$\Delta Y/mm$	$\Delta H/mm$
	测量过程中是否重启：			原因：		
点名	设计坐标			实测坐标或坐标差值		
	X/m	Y/m	H/m	$\Delta X/mm$	$\Delta Y/mm$	$\Delta H/mm$
放样点附件已知点						

5.8.2 实训过程检验

简述用两个控制点校正的操作过程。

5.8.3 实训效果评价

1. 自我评价

实训项目				实训人员	
小组编号				自评得分	
序号	评估项目	分值	实训要求		评定分数
1	任务完成情况	20	按要求完成实训任务		
2	规范使用仪器	20	正确操作仪器、文明实训、仪器未损坏		
3	操作精度、速度	30	工作态度严谨、精益求精、成果满足限差要求		
4	实训纪律	10	按时实训、遵守课堂纪律		
5	团结合作	20	服从组长安排、能配合其他组员工作		
实训总结： 1. 学到的知识、技能点： 2. 不理解的知识点：					

2. 同学互评

实训项目				实训人员	
小组编号				互评得分	
序号	评估项目	分值	实训要求		评定分数
1	实训纪律	20	不迟到早退		
2	安全操作	20	安全操作仪器、仪器未损坏		
3	工作态度	20	学习积极主动、有责任心		
4	团队精神	40	有效沟通、主动帮助他人、接受工作分配		
小组评语及建议： 小组成员： 评价时间：					

3. 教师评价

实训项目				实训人员	
小组编号				教师评价得分	
序号	评估项目	分值	实训要求		评定分数
1	操作程序	20	操作动作规范、操作程序正确		
2	操作速度	20	操作速度快、按时完成实训任务		
3	操作精度	20	观测精度符合精度要求		
4	数据记录	10	记录规范，无转抄、涂改、抄袭		
5	团结合作	20	服从组长安排、能配合其他组员工作		
6	实训纪律	10	按时实训、遵守课堂纪律		

教师评语及建议：

1. 存在的问题：

2. 评语及建议：

指导教师：   评价时间：

实训项目6　小地区控制测量

6.1　平面控制测量

班级：_____　姓名：_____　学号：_____　工号：_____　日期：_____　测评等级：_____

实训任务	平面控制测量	教学模式					
建议学时	4学时	教学地点					
任务描述	小赵在测量员工作岗位上已经工作两个月的时间了。今天，上班后又接到一个新的项目，是新建的办公大楼。首先，需要在施工现场做控制测量。根据提供的两个平面控制点 M(90 325.939 85，61 256.616 23)、N(9 032 986 943，61 252.587 41)，采用闭合导线的观测方法，在施工现场测出16个控制点的平面坐标。小赵对控制测量这部分知识有点模糊，小赵首先要熟悉控制测量的操作方法						
学习目标	1. 熟悉导线控制测量的布设形式； 2. 熟练掌握导线控制测量外业任务及观测内容； 3. 正确掌握导线控制测量内业计算方法						
学习准备	1. 每一实训小组6人，选1名小组长，负责仪器领取、保管及交还，成果报告收发； 2. 仪器工具：全站仪1台、标杆2个、棱镜1组、三脚架1个						
教学实施	工作岗位	时间	时间	时间	时间	时间	时间
	操作仪器1(1人)						
	操作仪器2(1人)						
	操作仪器3(1人)						
	工具管理(1人)						
	安全监督(1人)						
	质量检验(1人)						

实训任务	平面控制测量	教学模式	
实训注意	1. 用于控制测量的全站仪的精度要达到相应等级控制测量的要求。 2. 测量前要对仪器按要求进行检定、校准；出发前要检查仪器电池的电量。 3. 必须使用与仪器配套的反射棱镜测距。 4. 在等级控制测量中，不能使用气象、倾斜、常数的自动改正功能，应把这些功能关闭，而在测量数据中人工逐项改正。 5. 按相应等级水平角测量的测回数和限差要求测量。 6. 应在每一个导线点上安置仪器，每一条边都要往返双向观测。 7. 观测完毕后应立即检查记录，计算各项观测误差是否在限差范围内，确认全部符合规定限差方可离去，以免造成不必要的返工与重测。 8. 观测成果应做到记录真实，字迹工整，注记明确		

知识要点

控制测量按测定内容不同可分为平面控制测量和高程控制测量。测定控制点的平面位置(x，y)的工作称为平面控制测量；测定控制点的高程(H)的工作称为高程控制测量。控制测量是进行其他细部测量工作的基础，又具有全局控制性的作用，可以限制测量误差的传播和积累，因此，对待控制测量工作一定要认真、细致，否则会严重影响整个测量结果。

平面控制测量可分为导线测量、三角测量、三边测量、GPS 测量等形式。

6.1.1　导线测量的概念与特点

导线测量是把地面上选定的控制点连接成折线或多边形，如图 6.1 所示。丈量出边长、测出相邻边的夹角，即可确定这些控制点的平面位置。这些控制点称为导线点；这种控制形式称为导线控制。

导线测量由于其布设灵活、计算简单，因而是小区域平面控制的主要方法，尤其是随着近年来全站仪应用的普及，使这种控制方法得到越来越广泛的应用。导线既可以用于国家控制网的进一步加密，也常用于小地区的独立控制网。

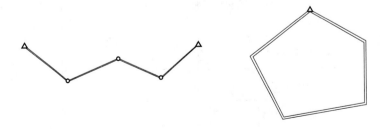

图 6.1　导线测量

6.1.2 导线的布设形式

1. 闭合导线

如图 6.2 所示，导线从一已知高级控制点 A 开始，经过一系列的导线点 2、3、…，最后又回到 A 点上，形成一个闭合多边形。

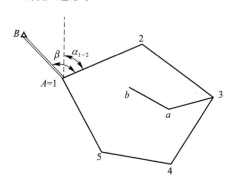

图 6.2　闭合导线和支导线

在无高级控制点的地区，A 点也可作为同级导线点，进行独立布设，闭合导线多用于范围较为宽阔地区的控制。

2. 附合导线

布设在两个高级控制点之间的导线称为附合导线。如图 6.3 所示，导线从已知高级控制点 A 开始，经过 2、3、…导线点，最后附合到另一高级控制点 C 上。附合导线主要用于带状地区的控制，如铁路、公路、河道的测图控制。

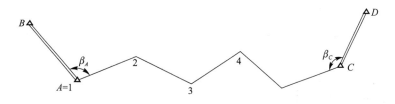

图 6.3　附合导线

3. 支导线

从一个已知控制点出发，支出 1~2 个点，既不附合至另一控制点，也不回到原来的起始点，这种形式称为支导线，如图 6.2 中的 $3ab$ 所示。由于支导线缺乏检核条件，故测量规范规定支导线一般不超过 2 个点。它主要用于当主控导线点不能满足局部测图需要时，而采用的辅助控制。

6.1.3 导线测量的外业工作

导线测量的外业工作包括选点、埋设标志桩(埋标)、量边、测角及导线的定向与联测。

1. 选点及埋标

选点前,应尽可能地收集测区范围及其周围的已有地形图、高级平面控制点和水准点等资料。若测区内已有地形图,应先在图上研究,初步拟订导线点位,然后到现场实地踏勘,根据具体情况最后确定下来并埋设标桩。现场选点时,应根据不同的需要,掌握以下几点原则:

(1)相邻导线点间应通视良好,以便于测角。

(2)采用不同的工具(如钢尺或全站仪)量边时,导线边通过的地方应考虑到它们各自不同的要求。如用钢尺,则尽量使导线边通过较平坦的地方;如用全站仪,则应使导线避开强磁场及折光等因素的影响。

(3)导线点应选在视野开阔的位置,以便测图时控制的范围大,减少设测站次数。

(4)导线各边长应大致相等,一般不宜超过 500 m,也不短于 50 m。

(5)导线点应选在点位牢固、便于观测且不易被破坏的地方;有条件的地方,应使导线点靠近线路位置,以便于定测放线多次利用。

导线点位置确定之后,应打下桩顶面边长为 4~5 cm、桩长为 30~35 cm 的方木桩,顶面应打一小钉以标志导线点位,桩顶应高出地面 2 cm 左右;对于少数永久性的导线点,也可埋设混凝土标石。

为便于以后使用时寻找,应做"点之记",即将线桩与其附近的地物关系量出绘记在草图上,见表 6.1;同时,在导线点方桩旁应钉设标志桩(板桩),上面写明导线点的编号及里程。

表 6.1 点之记

草图		导线点	相关位置	
		P_3	李庄	7.23 m
			化肥厂	8.15 m
			独立树	6.14 m

2. 量边

导线边长可以用全站仪、钢卷尺等工具来丈量。

用全站仪测边时,应往返观测取平均值。对于图根导线,仅进行气象改正和倾斜改正;对于精度要求较高的一、二级导线,应进行仪器加常数和乘常数的改正。

用钢尺丈量导线边长时，需往返丈量。当两者较差不大于边长的 1/2 000 时，取平均值作为边长采用值。所用钢尺应经过检定或与已检定过的钢卷尺比长。

3. 测角

导线的转折角可测量左角或右角，按照导线前进的方向，在导线左侧的角称为左角，导线右侧的角称为右角。一般规定，闭合导线测内角，附合导线在铁路系统习惯测右角，其他系统多测左角。但若采用电子经纬仪或全站型速测仪，测左角要比测右角具有较多的优点，它可直接显示出角值、方位角等。

导线角一般用 DJ6 型或 DJ2 型经纬仪用测回法测一个测回，其上、下半测回角值较差要求，DJ6 型仪器不大于 $30''$；DJ2 型仪器不大于 $20''$。各级导线的主要技术要求见表 6.2。

表 6.2　各级导线的主要技术要求

等级	附合导线长度 /km	平均边长 /m	测角中误差 /('')	测回数 DJ6	测回数 DJ2	角度闭合差 /('')	导线全长相对闭合差
一级	2.5	250	5	4	2	$\pm 10''\sqrt{n}$	1/10 000
二级	1.8	180	8	3	1	$\pm 16''\sqrt{n}$	1/7 000
三级	1.2	120	12	2	1	$\pm 24''\sqrt{n}$	1/5 000
图根	≤1.0 M	≤1.5 测图最大视距	20	1	—	$\pm 60''\sqrt{n}$	1/2 000

4. 导线的定向与联测

为了计算导线点的坐标，必须知道导线各边的坐标方位角，因此应确定导线始边的方位角。若导线起始点附近有国家控制点时，则应与控制点联测连接角，再来推算导线各边方位角。如果附近无高级控制点，则利用罗盘仪施测导线起始边的磁方位角，并假定起始点的坐标作为起算数据，如图 6.3 所示的 β_A、β_C，再来推算导线各边方位角。

6.1.4　导线测量的内业工作

导线测量的内业工作，是计算出各导线点的坐标 (x, y)。在进行计算之前，首先应对外业观测记录和计算的资料检查核对，同时应对抄录的起算数据进一步复核。当资料没有错误和遗漏，而且精度符合要求时，方可进行导线的计算工作。

下面分别介绍闭合导线计算方法与过程(图 6.4)。

(1)角度闭合差的计算与调整。闭合导线规定测内角，而多边形内角总和的理论值为

$$\sum \beta_{理} = (n-2) \times 180°$$

式中，n 为内角的个数，在图 6.4 中，n=5。

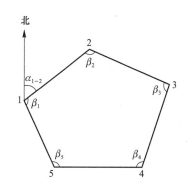

图 6.4　闭合导线角度闭合差的计算

在测量过程中，误差是不可避免的，实际测量的闭合导线内角之和 $\sum\beta_{测}$ 与其理论值 $\sum\beta_{理}$ 会有一定的差别，两者之间的不符值称为角度闭合差 f_β，即

$$f_\beta = \sum\beta_{测} - \sum\beta_{理} = \sum\beta_{测} - (n-2) \times 180°$$

不同等级的导线规定有相应的角度闭合差容许值，见表 6.2。

若 $f_\beta \leqslant f_{\beta容}$，因各角都是在同精度条件下观测的，故可将闭合差按相反符号平均分配到各角上，即改正数为 $V_i = -f_\beta / n$。

当 f_β 不能被 n 整除时，余数应分配在含有短边的夹角上。经改正后的角值总和应等有理论值，以此来校核计算是否有误。可检核：$\sum V_i = -f_\beta$。

若 $f_\beta > f_{\beta容}$，即角度闭合差超出规定的容许值时，则应查找原因，必要时应进行返工重测。

（2）导线各边坐标方位角的计算。当已知一条导线边的方位角后，其余导线边的坐标方位角，是根据已经经过角度闭合差配赋后的各个内角依次推算出来的。其计算公式为

$$\alpha_{前} = \alpha_{后} + 180° \pm \beta_{若}$$

在图 6.5 中，假设已知 12 边的坐标方位角为 α_{12}，则 23 边的坐标方位角 α_{23} 可根据上式计算出来。

坐标方位角值应为 0°～360°，它不应该为负值或大于 360° 的角值。当计算出的坐标方位角出现负值时，则应加上 360°；当出现大于 360° 之值时，则应减去 360°。最后，检算出起始边 12 的坐标方位角。若与原来已知值相符合，则说明计算正确无误。

（3）坐标增量的计算。在平面直角坐标系中，两导线点的坐标之差称为坐标增量。它们分别表示为导线边长在纵横坐标轴上的投影，如图 6.6 中的 Δx_{12}、Δy_{12} 所示。

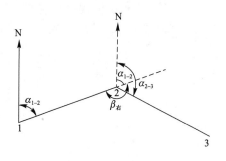

图 6.5　导线边方位角的推算

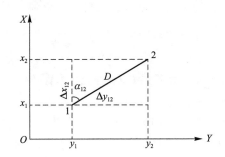

图 6.6　坐标增量

当知道了导线边长 D 及坐标方位角，就可以计算出两导线点之间的坐标增量。坐标增量可按下式计算：

$$\Delta X_i = D_i \cos\alpha_i$$

$$\Delta Y_i = D_i \sin\alpha_i$$

坐标增量有正、负之分：Δx 向北为正、向南为负；Δy 向东为正、向西为负。

（4）坐标增量闭合差的计算与调整。闭合导线的纵、横坐标增量代数和，在理论上应该等于零，即

$$\sum \Delta x_{\text{理}} = 0$$

$$\sum \Delta y_{\text{理}} = 0$$

量边和测角中都会含有误差，在推算各导线边的方位角时，是用改正后的角度来进行的，因此可以认为第(3)步计算的坐标增量基本不含有角度误差；但是用到的边长观测值是带有误差的，故计算出的纵横坐标增量其代数和往往不等于零。其数值 f_x、f_y 分别为纵横坐标增量的闭合差，即

$$f_x = \sum \Delta x_{\text{测}}$$

$$f_y = \sum \Delta y_{\text{测}}$$

由图 6.7 中可以看出，由于坐标增量闭合差的存在，使闭合导线在起点 1 处不能闭合，而产生闭合差值。f_D 称为导线全长闭合差，即

$$f_D = \sqrt{f_x^2 + f_y^2}$$

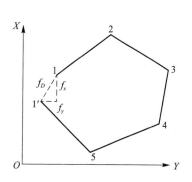

图 6.7　导线全长闭合差

导线全长闭合差值可以认为是由量边误差的影响而产生的，导线越长则闭合差的累积越大，故衡量导线的测量精度应以导线全长与闭合差值之比 K 来表示：

$$K = \frac{f_D}{\sum D} = \frac{1}{\dfrac{\sum D}{f_D}}$$

式中，K 通常化为用分子为 1 的形式表示，称为导线全长相对闭合差；$\sum D$ 为导线总长，即一条导线所有导线边长之和。

各级导线的相对精度应满足表 6.2 中的要求，否则应查找超限原因，必要时进行重测。若导线相对闭合差在容许范围内，则可进行坐标增量的调整。调整的方法：一般钢尺量边的导线，可将闭合差反号，以边长按比例分配；若为光电测距导线，其测量结果已进行了加常数、乘常数和气象改正后，则坐标增量闭合差也可按边长成正比反号平均分配，即

$$v_{xi} = -\frac{f_x}{\sum D} \times D_i$$

$$v_{yi} = -\frac{f_y}{\sum D} \times D_i$$

式中，v_{xi}、v_{yi} 是第 i 条边的纵、横坐标增量的改正数，D_i 是第 i 条边的边长，$\sum D$ 为导线全长。

而坐标增量改正数的总和应满足下面条件：

$$\sum v_x = -f_x$$

$$\sum v_y = -f_y$$

改正后的坐标增量总代数和应该等于零，这可作为对计算正确与否的检核。

(5)坐标的计算。根据调整后的各个坐标增量，从一个已知坐标的导线点开始，可以依

次推算出其余导线点的坐标。在图 6.6 中，若已知 1 点的坐标 x_1、y_1，则 2 点的坐标计算过程为

$$x_2 = x_1 + \Delta x_{12}$$
$$y_2 = y_1 + \Delta y_{12}$$

已知点的坐标，既可以是高级控制点的，也可以是独立测区中的假定坐标。

最后，推算出起点 1 的坐标。两者与已知坐标完全相等，以此作为坐标计算的校核。

6.2 工程应用实训报告一 平面控制测量实训

6.2.1 实训过程及学习记录

(1)老师给定两个已知控制点，并指导学生对选定的观测场地进行踏勘，了解测区情况及任务，选取导线点(不少于16个，可灵活安排)，并造标、埋石。要求每组做两个点的点之记。

(2)采用测回法观测各转角及连接角；填写测回法水平角观测手簿，见表 6.3。

表 6.3 测回法水平角观测手簿

测站	盘位目标	水平角度数			水平角观测值						各测回平均值		
					半侧回值			一测回值					
		°	′	″	°	′	″	°	′	″	°	′	″

测站	盘位目标	水平角度数			水平角观测值						各测回平均值		
					半侧回值			一测回值					
		°	′	″	°	′	″	°	′	″	°	′	″

（3）使用全站仪或测距仪，观测导线边长；记录整理导线长度记录表，见表6.4。

表6.4 导线长度记录表

导线编号	往测 $D_{往}$/m	返测 $D_{返}$/m	平均值 $D_{平均}$	往返测量差值 ΔD	相对误差 D
……	……	……	……		……

(4)填写整理导线测量坐标计算表,确定各导线点坐标,见表6.5。

表 6.5　闭合导线坐标计算表

测站	右角观测值 ° ′	改正数 ° ′	改正后右角 ° ′	坐标方位角 ° ′	边长 /m	坐标增量		坐标增量改正数		改正后坐标增量		坐标	
						$\Delta x'$/m	$\Delta y'$/m	V_x/m	V_y/m	Δx/m	Δy/m	x/m	y/m
$\sum$													
检核	$\sum\beta_{理} =$ $f_{容} = \pm 40\sqrt{n} =$ $f_D =$ $K = \dfrac{f_D}{\sum D}$						$f_{\beta} = \sum\beta_{测} - \sum\beta_{理} =$						

(5)绘制导线测量平面控制点布置简图。

6.2.2　实训过程检验

1. 在导线测量内业的计算过程中，角度闭合差的处理是为了消除什么误差?

2. 导线测量外业选点有哪些要求?

6.2.3　实训效果评价

1. 自我评价

实训项目				实训人员	
小组编号				自评得分	
序号	评估项目	分值		实训要求	评定分数
1	任务完成情况	20		按要求完成实训任务	
2	规范使用仪器	20		正确操作仪器、文明实训、仪器未损坏	
3	操作精度、速度	30		工作态度严谨、精益求精、成果满足限差要求	
4	实训纪律	10		按时实训、遵守课堂纪律	
5	团结合作	20		服从组长安排、能配合其他组员工作	
实训总结: 1. 学到的知识、技能点: 2. 不理解的知识点:					

2. 同学互评

实训项目			实训人员	
小组编号			互评得分	
序号	评估项目	分值	实训要求	评定分数
1	实训纪律	20	不迟到早退	
2	安全操作	20	安全操作仪器、仪器未损坏	
3	工作态度	20	学习积极主动、有责任心	
4	团队精神	40	有效沟通、主动帮助他人、接受工作分配	
小组评语及建议：				
小组成员：			评价时间：	

3. 教师评价

实训项目			实训人员	
小组编号			教师评价得分	
序号	评估项目	分值	实训要求	评定分数
1	操作程序	20	操作动作规范、操作程序正确	
2	操作速度	20	操作速度快、按时完成实训任务	
3	操作精度	20	观测精度符合精度要求	
4	数据记录	10	记录规范，无转抄、涂改、抄袭	
5	团结合作	20	服从组长安排、能配合其他组员工作	
6	实训纪律	10	按时实训、遵守课堂纪律	
教师评语及建议： 1. 存在的问题： 2. 评语及建议：				
指导教师：			评价时间：	

6.3　高程控制测量

班级：＿＿＿＿　姓名：＿＿＿＿　学号：＿＿＿＿　工号：＿＿＿＿　日期：＿＿＿＿　测评等级：＿＿＿＿

实训任务	高程控制测量	教学模式	
建议学时	6 学时	教学地点	

任务描述	小赵完成可新建的办公大楼的平面控制测量工作。根据济南市第×测绘分院提供的 $BM_A = 35.314$ m、$BM_B = 35.097$ m 及 $BM_C = 35.386$ m 三个高程控制点，采用闭合水准路线的方法，在施工现场测出 16 个控制点的高程。小赵对高程控制测量这部分知识有点模糊，高程控制测量除可以采用普通水准测量方法外，还能采用什么方法呢？
学习目标	1. 进一步熟悉普通水准测量方法及闭合水准路线内业计算； 2. 熟练掌握三、四等水准测量方法及记录计算； 3. 掌握三角高程控制观测方法及测量记录计算； 4. 掌握三种高程控制测量的适用条件
学习准备	1. 每一实训小组 7 人，选 1 名小组长，负责仪器领取、保管及交还，成果报告收发； 2. 仪器工具：自动安平水准仪 1 台、水准尺 1 对（双面尺 1 对）、三脚架 1 个、全站仪 1 台、对中杆一个、棱镜一个、三脚架 1 个、铅笔、记录板等

教学实施	工作岗位	时间	时间	时间	时间	时间	时间
	操作仪器（1 人）						
	扶水准尺（2 人）						
	记录计算（1 人）						
	工具管理（1 人）						
	安全监督（1 人）						
	质量检验（1 人）						

实训注意	光电测距三角高程测量的注意事项如下： 1. 水准点光电测距三角高程测量可与平面导线测量合并进行，并作为高程转点。距离和角度必须进行往返测量。 2. 提高竖直角的观测精度，可增加竖直角的测回数，可以提高测角精度。 3. 往返的间隔时间应尽可能缩短，使往返测的气象条件大致相同，这样才会有效地抵消大气折光的影响。 4. 量距和测角应选择在较好的自然条件下观测，避免在大风、大雨、雨后初晴等折光影响较大的情况下观测。成像不清晰、不稳定时应停止观测

在山地测定控制点的高程，若采用水准测量，则速度慢，困难大，故可采用三角高程测量的方法。但必须用水准测量的方法在测区内引测一定数量的水准点，作为三角高程测量高程起算的依据。常见三角高程测量有电磁波测距三角高程测量和视距三角高程测量。电磁波测距三角高程测量适用三、四等和图根高程网；视距三角高程测量一般适用图根高程网。

6.3.1 三角高程测量原理

三角高程测量是根据已知点高程及两点间的竖直角和距离，通过应用三角公式计算两点间的高差，求出未知的高程。

如图 6.8 所示，A、B 两点间的高差：

$$h_{AB} = D\tan\alpha + i - v$$

若用测距仪测得斜距 D'，则

$$h_{AB} = D'\sin\alpha + i - v$$

B 点的高程为

$$H_B = H_A + h_{AB}$$

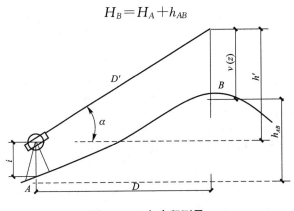

图 6.8　三角高程测量

三角高程测量一般应进行往返观测，即由 A 向 B 观测（称为直觇），再由 B 向 A 观测（称为反觇），这种观测称为对向观测（或双向观测）。

6.3.2 三角高程测量的观测与计算

(1)测站上安置仪器，量仪器高 i 和标杆或棱镜高度 v，读到毫米；

(2)用经纬仪或测距仪采用测回法观测竖直角 1～3 个测回；

(3)采用对向观测法且对向观测高差附和要求，取其平均值作为高差结果；

(4)进行高差闭合差的调整计算，推算出各点的高程。

6.4.1　实训过程及学习记录

1. 闭合路线普通水准测量

选择一条闭合水准路线，已知水准点的高程为 200 m，测点不少于 3 个，总测站 16 个，检验精度是否在允许范围之内。填写表 6.6 水准测量观测手簿。

表 6.6　水准测量观测手簿

日期：　　　　　　仪器：　　　　　　观测：					
天气：　　　　　　地点：　　　　　　记录：					
测站	点号	后视读数/m	前视读数/m	高差/m	备注(观测成员安排) 观测员、记录员、立尺人
1	BM_A				
	TP_1				
2	TP_1				
	TP_2				
3	TP_2				
	TP_3				
4	TP_3				
	B				
5	B				
	TP_4				
6	TP_4				
	TP_5				
7	TP_5				
	TP_6				
8	TP_6				
	C				

9	C				
	TP_7				
10	TP_7				
	TP_8				
11	TP_8				
	TP_9				
12	TP_9				
	D				
13	D				
	TP_{10}				
14	TP_{10}				
	TP_{11}				
15	TP_{11}				
	TP_{12}				
16	TP_{12}				
	BM_A				
计算检核	$h_{AB} = \qquad$ m; $h_{BC} = \qquad$ m; $h_{CD} = \qquad$ m; $h_{DA} = \qquad$ m; $\sum h =$				

2. 闭合水准路线成果计算(表 6.7、表 6.8)

表 6.7　等外水准测量的高差闭合差容许值

等级	等外水准测量的高差闭合差容许值	
	平原	山区
等外	$\pm 40\sqrt{L}$	$\pm 12\sqrt{n}$

注：1. 当每千米水准路线的测站数超过 16 站时，采用山丘地区容许值，式中 n 为水准路线的测站总数。

2. 施工中，如设计单位根据工程性质提出具体要求时，应按要求精度施测，即 $f_h \leqslant f_{h容}$

表 6.8　闭合水准测量成果计算表

测段编号	点名	测站数	实测高差/m	改正数/m	改正后高差/m	高程/m	备注
1	BM_A					200.000	
2	B						
3	C						
4	D						
	BM_A						
$\sum$							
辅助计算							

6.4.2　闭合路线三、四等水准测量

选择一条闭合水准路线，已知水准点的高程为 200m，测点不少于 3 个，总测站 16 个，检验精度是否在允许范围之内。

1. 三、四等水准测量观测记录(表 6.9)

表 6.9　三、四等水准测量观测记录

自			天气：		观测者：		
测							
至			成像：		记录者：		
2021 年　　月　　日							
始：时分							
末：时分							

测站编号	点号	后尺 上丝 / 下丝	前尺 上丝 / 下丝	方向及尺号	水准尺读数 黑面	水准尺读数 红面	K+黑减红	平均高差/m	备注
		后视距	前视距						
		视距差 d	$\sum d$						
		1	5		3	8	13	18	
		2	6		4	7	14		
		9	10		16	17	15		
		11	12	$K1 = 4\,787$		$K2 = 4\,687$			
1	BM_1 ZD_1			$A = 4\,687$ $B = 4\,787$					

			B					
2	ZD_1 BM_2		A					
3	BM_2 ZD_2		A					
			B					
4	ZD_2 BM_3		B					
			A					
5	BM_3 ZD_3		A					
			B					
6	ZD_3 BM_1		B					
			A					
检核								

2. 三、四等水准测量内业计算(表6.10~表6.12)

表6.10　三、四等水准测量技术要求

等级	仪器类别	视线长度 /m	前后视距差/m	任一测站上前后视距差累积/m	视线高度	数字水准仪重复测量次数	黑、红面读数差 /mm	黑、红面所测高差 /mm	备注
三等	DS3	≤75	≤2	≤5	三丝能读数	3次	≤2	≤3	
	DS1、DS05	≤100							
四等	DS3	≤100	≤3	≤10	三丝能读数	2次	≤3	≤5	
	DS1、DS05	≤150							

表6.11　三、四等水准测量闭合差精度要求

等级	附合路线或环线闭合差	
	平原	山区
三等	$\pm 12\sqrt{L}$	$\pm 15\sqrt{L}$
四等	$\pm 20\sqrt{L}$	$\pm 25\sqrt{L}$
注:山区是指高程超过1 000 m或路线中最大高差超过400 m的地区		

表6.12　闭合水准测量成果计算表

测段编号	点名	测站数	实测高差/m	改正数/m	改正后高差/m	高程/m	备注
1	BM_A					200.000	
	B						
2							
	C						
3							
	D						
4							
	BM_A						
Σ							
辅助计算							

6.4.3　三角高程控制测量

填写表6.13~表6.15。

表 6.13 三角高程测量记录表

仪　器：＿＿＿＿＿＿＿＿＿＿　　测量日期：＿＿＿＿＿＿＿＿＿＿　　天气：＿＿＿＿＿＿＿＿＿＿

观测员：＿＿＿＿＿＿＿＿＿＿　　记　录　员：＿＿＿＿＿＿＿＿＿＿　　成员：＿＿＿＿＿＿＿＿＿＿

测站	仪器高/m	目标	目标高/m	十字丝中丝读数/m	镜位	竖盘读数 ° ′ ″	指标差 ° ′ ″	半测回竖直角 ° ′ ″	一测回竖直角 ° ′ ″	上丝读数/m	下丝读数/m	上下丝高度差/m	水平距离/m
					左								
					右								
					左								
					右								
					左								
					右								
					左								
					右								
					左								
					右								
					左								
					右								
					左								
					右								
					左								
					右								

表 6.14 三角高程测量高差计算(单位：m)

测站点						
目标点						
水平距离 D						
竖直角 α						
测站仪器高 i						
目标棱镜高 v						
球气差改正 f						
单向高差 h						
高差较差 Δh						
限差值 $\Delta h_{限}$						
平均高差 $\bar{h}$						
注：$\Delta h_{限} = \pm 40\sqrt{D}$						
记录		计算			复核	

表 6.15　三角高程测量成果整理(单位：m)

点号	水平距离	观测高差	改正值	改正后高差	高程	备注
A						
B						
C						
A						
∑						
备注						

注：高差闭合差的容许值 $f_{h容} = \pm 20\sqrt{D}$

6.4.4　实训过程检验

1. 三角高程测量中仪器高和棱镜高如何量取？

2. 叙述三种高程控制测量的适用条件。

3. 如何控制安置水准仪的测站至前、后视立尺点的距离？

4. 在三、四等水准测量中，每站观测结束后该如何操作？

6.4.5 实训效果评价

1. 自我评价

实训项目				实训人员	
小组编号				自评得分	
序号	评估项目	分值	实训要求		评定分数
1	任务完成情况	20	按要求完成实训任务		
2	规范使用仪器	20	正确操作仪器、文明实训、仪器未损坏		
3	操作精度、速度	30	工作态度严谨、精益求精、成果满足限差要求		
4	实训纪律	10	按时实训、遵守课堂纪律		
5	团结合作	20	服从组长安排、能配合其他组员工作		
实训总结： 1. 学到的知识、技能点： 2. 不理解的知识点：					

2. 同学互评

实训项目				实训人员	
小组编号				互评得分	
序号	评估项目	分值	实训要求		评定分数
1	实训纪律	20	不迟到早退		
2	安全操作	20	安全操作仪器、仪器未损坏		
3	工作态度	20	学习积极主动、有责任心		
4	团队精神	40	有效沟通、主动帮助他人、接受工作分配		
小组评语及建议： 小组成员：				评价时间：	

3. 教师评价

实训项目				实训人员	
小组编号				教师评价得分	
序号	评估项目	分值		实训要求	评定分数
1	操作程序	20		操作动作规范、操作程序正确	
2	操作速度	20		操作速度快、按时完成实训任务	
3	操作精度	20		观测精度符合精度要求	
4	数据记录	10		记录规范，无转抄、涂改、抄袭	
5	团结合作	20		服从组长安排、能配合其他组员工作	
6	实训纪律	10		按时实训、遵守课堂纪律	

教师评语及建议：

1. 存在的问题：

2. 评语及建议：

指导教师：   评价时间：

实训项目 7　角度测量工程应用

7.1　工程定位

班级：＿＿＿＿　姓名：＿＿＿＿　学号：＿＿＿＿　工号：＿＿＿＿　日期：＿＿＿＿　测评等级：＿＿＿＿

实训任务	工程定位	教学模式	
建议学时	4 学时	教学地点	

任务描述	小赵在测量员工作岗位上已经工作两个月的时间了。今天上班后又接到一个新的项目，是新建的办公大楼。需要根据已知控制点进行建筑物四个角点的定位。根据济南市第×测绘分院提供的两个平面控制点 A（1 208.117，1 115.211）、B（1 208.117，1 129.715），放样四个放样点 1（1 210.948，1 135.683）、2（1 222.301，1 139.570）、3（1 230.076，1 116.865）、4（1 218.724，1 112.977）

学习目标	1. 了解工程定位的方法和原理； 2. 掌握采用极坐标法进行工程定位的操作； 3. 掌握采用角度交会法进行工程定位的操作

学习准备	1. 每一实训小组 6 人，选 1 名小组长，负责仪器领取、保管及交还，成果报告收发； 2. 仪器工具：全站仪 1 台、标杆 2 个、棱镜 1 组、三脚架 1 个

教学实施	工作岗位	时间	时间	时间	时间	时间	时间
	操作仪器 1（1 人）						
	操作仪器 2（1 人）						
	操作仪器 3（1 人）						
	工具管理（1 人）						
	安全监督（1 人）						
	质量检验（1 人）						

实训注意	1. 严格执行测量规范；遵守先整体、后局部的工作程序，先确定平面控制网，后以控制网为依据，进行各局部轴线的定位放线。 2. 必须严格审核测量原始数据的准确性，坚持测量放线与计算工作同步校核的工作方法。 3. 定位工作执行自检、互检合格后再报检的工作制度。 4. 测量方法要简捷，仪器使用要熟练，在满足工程需要的前提下，力争做到省工、省时、省费用。 5. 明确为工程服务，按图施工，质量第一的宗旨。紧密配合施工，发扬团结协作、实事求是、认真负责的工作作风

7.1.1　工程定位概述

根据市测绘规划部门提供的红线桩、水准点，按照总平面图和设计说明给出的水准点坐标与建筑物坐标的关系，确定施工现场的控制桩的位置及控制网的位置和高程与首层±0.000的绝对标高。由控制网测设建筑物主轴线坐标点进行轴线定位。

根据测量控制点坐标定位是在工程建设中用得最多的一种定位方法。在场地附近如果有测量控制点可以利用，应根据控制点及建筑物定位点的设计坐标，反算出交会角或距离后，因地制宜地采用极坐标法或角度交会法将建筑物主要轴线测设到地面上。

7.1.2　极坐标法定点

1. 定点原理

极坐标法是根据一个水平角和一段水平距离，测设点的平面位置。此方法适用于施工现场只有一般的导线点且测设距离较近又便于丈量，测设精度要求较高的情况。

如图 7.1 所示，$A(x_A, y_A)$、$B(x_B, y_B)$ 为已知平面控制点，欲测设建筑物的一个角点 P，其设计坐标为 $P(x_P, y_P)$。

坐标反算，计算测设水平角 β 和水平距离 D_{AP}。

AB 边和 AP 边的坐标方位角 α_{AB} 和 α_{AP} 分别为

$$\alpha_{AB} = \arctan \frac{y_B - y_A}{x_B - x_A} = \arctan \frac{\Delta y_{AB}}{\Delta x_{AB}}$$

$$\alpha_{AP} = \arctan \frac{y_P - y_A}{x_P - x_A} \arctan \frac{\Delta y_{AP}}{\Delta x_{AP}}$$

每条边在计算时，应根据 Δx 和 Δy 的正负情况，判断该边所属象限。

$$\beta = \alpha_{AB} - \alpha_{AP}$$

$$D_{AP} = \sqrt{(x_P - x_A)^2 + (y_P - y_A)^2} = \sqrt{\Delta x_{AP}^2 + \Delta y_{AP}^2}$$

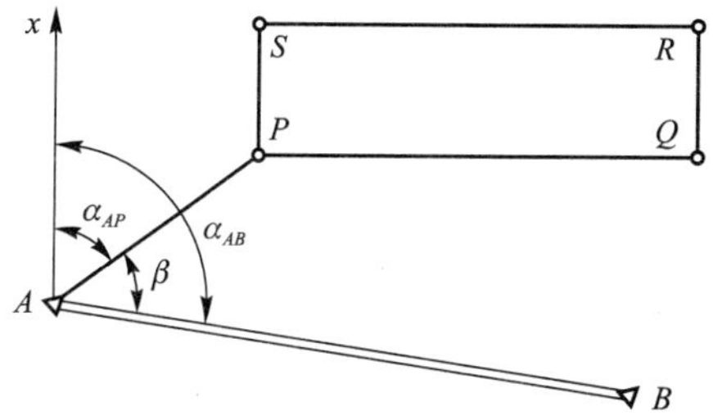

图 7.1　极坐标法

2. 实地测设

（1）在 A 点安置经纬仪，瞄准 B 点，按逆时针方向测设 β 角，定出 AP 方向线，沿方向线自 A 点始测设水平距离 D_{AP}，定出 P 点，做出标记。

（2）用同样方法测设 Q、R、S 点。检查建筑物四角是否等于 $90°$，各边长是否等于设计长度，其误差均应在限差之内。

7.1.3　角度交会法

角度交会法是测设两个已知水平角，得到两条方向线，其交点是测设点的平面位置。它适用地面有一般导线点且地面起伏较大、丈量不便、距离较远及精度要求不高的情况下采用。如图 7.2 所示，地面上有 A、B 两个导线控制点，P 为欲测设点位，已知 P 点坐标为 $P(x_P，y_P)$。测设前，根据 A、B、P 坐标反算出水平角 α 和 β。实地测设时，分别在 A、B 点上各安置一台经纬仪，同时测设 α 和 β 两水平角，得到两条方向线 AP 和 BP，其交点就是所要测设的点位 P。由于测设时得到的方向线，交点可能距离控制点较远，故应在每条测设出的方向线上投测两个标志，然后拉两条小线，则可定出 P 点的位置。测设完毕后应进行检查，确保测设结果无误。

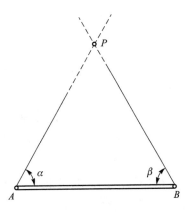

图 7.2　角度交会法

7.1.4　列举角度测量工程实例

如图 7.3 所示，根据已知两个控制点及建筑物定位点的设计坐标，反算出交会角或距离后，采用极坐标法或角度交会法将建筑物四个角点定位到地面上。施测完成后加以妥善保护，按照《工程测量标准》（GB 50026—2020）的要求，定位桩的精度要符合相关要求。

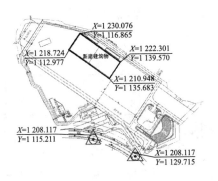

图 7.3　工程案例总平面图

7.2 工程应用实训报告三 工程定位实训

7.2.1 实训过程及学习记录

(1)根据工程案例总平面图,获得已知数据,采用极坐标法放样,完成放样数据计算过程(表7.1)。

表7.1 已知控制点坐标、放样点坐标

序号	已知点控制点	X/m	Y/m	备注
1	控制点 A	1 208.117	1 115.211	
2	控制点 B	1 208.117	1 129.715	
3	放样点 1	1 210.948	1 135.683	
4	放样点 2	1 222.301	1 139.570	
5	放样点 3	1 230.076	1 116.865	
6	放样点 4	1 218.724	1 112.977	

1)放样点 1 放样水平角、放样水平距离计算:

2)放样点 2 放样水平角、放样水平距离计算:

3)放样点 3 放样水平角、放样水平距离计算:

4)放样点 4 放样水平角、放样水平距离计算:

（2）全站仪极坐标放样参数记录（表7.2）。

表 7.2　全站仪极坐标放样参数记录

放样点号	放样点对应的方位角 /(° ′ ″)	放样点对应的设计距离/m	放样点角度偏差/″	放样点距离偏差/mm	操作者姓名	备注

（3）建筑物边长检核（表7.3）。

表 7.3　建筑物边长检核

建筑物边长	设计水平距离/m	实测水平距离/m	差值/mm	相对精度 K	操作者姓名	备注

7.2.2　实训过程检验

1. 在导线测量内业的计算过程中，角度闭合差的处理是为了消除什么误差？

2. 导线测量外业选点有哪些要求？

7.2.3 实训效果评价

1. 自我评价

实训项目			实训人员		
小组编号			自评得分		
序号	评估项目	分值	实训要求		评定分数
1	任务完成情况	20	按要求完成实训任务		
2	规范使用仪器	20	正确操作仪器、文明实训、仪器未损坏		
3	操作精度、速度	30	工作态度严谨、精益求精、成果满足限差要求		
4	实训纪律	10	按时实训、遵守课堂纪律		
5	团结合作	20	服从组长安排、能配合其他组员工作		
实训总结： 1. 学到的知识、技能点： 2. 不理解的知识点：					

2. 同学互评

实训项目			实训人员		
小组编号			互评得分		
序号	评估项目	分值	实训要求		评定分数
1	实训纪律	20	不迟到早退		
2	安全操作	20	安全操作仪器、仪器未损坏		
3	工作态度	20	学习积极主动、有责任心		
4	团队精神	40	有效沟通、主动帮助他人、接受工作分配		
小组评语及建议： 小组成员：				评价时间：	

3. 教师评价

实训项目			实训人员	
小组编号			教师评价得分	
序号	评估项目	分值	实训要求	评定分数
1	操作程序	20	操作动作规范、操作程序正确	
2	操作速度	20	操作速度快、按时完成实训任务	
3	操作精度	20	观测精度符合精度要求	
4	数据记录	10	记录规范、无转抄、涂改、抄袭	
5	团结合作	20	服从组长安排、能配合其他组员工作	
6	实训纪律	10	按时实训、遵守课堂纪律	

教师评语及建议：

1. 存在的问题：

2. 评语及建议：

指导教师：　　　　　　　　　　　　　　　　　　　　　　　评价时间：

7.3　道路圆曲线放样

班级：_____　姓名：_____　学号：_____　工号：_____　日期：_____　测评等级：_____

实训任务	道路圆曲线放样	教学模式	
建议学时	4 学时	教学地点	
任务描述	小刘是一家公路工程单位的测量班组的测量员，现接到一项任务，是山岭地区某二级公路中桩放样，有一弯道，JD_5＝K2＋586.50，ZY点到 JD 方向方位角为 $35°23'18.3''$。需要根据已有资料中的已知数据，计算弯道处中桩桩号，并采用适当方法进行中桩放样		
学习目标	1. 熟悉圆曲线主点桩号计算方法； 2. 熟练掌握圆曲线主点放样方法； 3. 了解圆曲线细部点放样数据计算方法； 4. 比较掌握三种圆曲线细部点放样方法		
学习准备	1. 每一实训小组 7 人，选 1 名小组长，负责仪器领取、保管及交还，成果报告收发； 2. 仪器工具：全站仪 1 台、标杆 2 个、棱镜 1 组、三脚架 1 个、铅笔、记录板等		

教学实施	工作岗位	时间	时间	时间	时间	时间	时间
	操作仪器（1 人）						
	扶水准尺（2 人）						
	记录计算（1 人）						
	工具管理（1 人）						
	安全监督（1 人）						
	质量检验（1 人）						

实训注意	1. 仪器限差符合同级别仪器限差要求； 2. 钢尺量距时，对悬空和倾斜测量应在满足限差要求的情况下考虑垂曲和倾斜改正； 3. 标高抄测时，采取独立施测二次法，其限差为±3 mm，所有抄测应以水准点为后视； 4. 垂直度观测，若采取吊垂球时应在无风的情况下，如有风而不得不采取吊垂球时，可将垂球置于水桶内

知识要点

在道路工程中，为了行车的安全，线路改变方向时必须用曲线连接，其连接方式有圆曲线、缓和曲线、复曲线及回头曲线等多种形式。其中，圆曲线是最常见的一种形式；缓和曲线是一种曲率半径按一定规律变化的曲线，在等级公路中常用；其他曲线是圆曲线和缓和曲线的组合形式。圆曲线是指由一定半径的圆弧所构成的曲线。测设时，首先根据圆曲线的测设元素，测设曲线主点，包括曲线的起点(ZY)、终点(YZ)和中心点(QZ)；然后进行细部加密测设，标定曲线形状和位置。

7.3.1 圆曲线主点测设

1. 圆曲线要素的计算

圆曲线主点的位置主要是根据曲线要素确定的。如图 7.4 所示，圆曲线有下列六个要素：

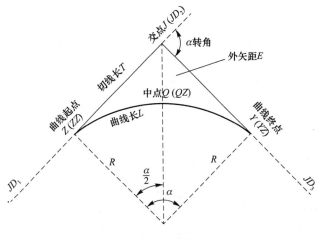

图 7.4 圆曲线要素

(1)转折角 α，由设计提供，或在线路定测时用经纬仪实测。

(2)圆曲线半径 R，由设计提供。

(3)切线长 $T = R\tan\dfrac{\alpha}{2}$

(4)曲线长 $L = R\alpha\dfrac{\pi}{180°}$

(5)外矢距 $E = R\left(\sec\dfrac{\alpha}{2} - 1\right)$

(6)切曲差 $D = 2T - L$。

2. 圆曲线主点里程的计算

在线路测量中，线路上的点号是用里程桩表示的。起点的桩号为 0，记为 0+000，"+"前面数字表示公里数，后面表示米数，线路上各点均以离起点的位置表示桩号，如 K3+360，表示该桩离起点桩的水平距离为 3 360 m。圆曲线主点的里程是根据交点里程求得的。

$$
\left.
\begin{aligned}
ZY\,里程 &= JB\,里程 - T \\
YZ\,里程 &= ZY\,里程 + L \\
QZ\,里程 &= YZ\,里程 - \frac{L}{2} \\
JD\,里程 &= QZ\,里程 + \frac{D}{2}
\end{aligned}
\right\}
$$

3. 圆曲线主点测设

如图 7.5 所示，首先在交点 JD_2 处安置经纬仪，分别在瞄准 JD_1 和 JD_3 方向线上自交点起测设切线长 T，定出曲线起点桩 ZY 和 YZ。然后沿 $(180°-\alpha)$ 角的分角线方向测设 E 值得到曲线中点 QZ。测设完成后进行检核，其误差在限差内。

7.3.2 圆曲线细部点测设

在地形变化不大且圆曲线较短时($L<40$ m)，只测设圆曲线主点即可。若地形变化较大，曲线较长，还应在曲线上每隔一定距离测设一个细部点。一般规定：$R\geqslant100$ m 时，曲线上每隔 20 m 测设一个细部点；25 m$\leqslant R<100$ m 时，每隔 10 m 测设一个细部点；$R\leqslant25$ m 时，每隔 5 m 测设一个细部点。圆曲线测设方法主要有偏角法、切线支距法和极坐标法等。在实际工程中，可视地形图情况、精度要求和仪器条件等因素合理选用。

1. 偏角法

偏角法测设圆曲线细部点就是根据已测设至地面的三主点，以相邻两曲线点的长度与经纬仪的视线方向进行交会。如图 7.5 所示，曲线三主点已测设地面，在 ZY 点置经纬仪，利用偏角(弦切角)δ_1 和弦长 C_1 测设细部点 1；根据测设偏角 δ_2 得到 ZY—2 视线方向，与 1、2 点之间的整桩弦长 C_2 进行交会得到 2 点，以此类推，可测设出其他细部点。

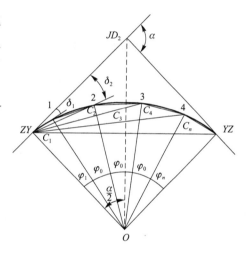

图 7.5 圆曲线主点测设

根据几何学原理可知

$$\left.\begin{array}{l} 偏角：\delta=\dfrac{l}{2R}\dfrac{180}{\pi} \\[2mm] 弦长：C=2R\sin\dfrac{\varphi}{2}=2R\sin\delta \end{array}\right\}$$

式中　l——弧长；

　　　φ——弧长 l 所对应的圆心角。

2. 切线支距法(直角坐标法)

如图 7.6 所示，过 ZY 点的切线为 x 轴，切线上过 ZY 点的垂线为 y 轴，建立直角坐标系。设各细部点至曲线起点 ZY 的弧长为 l_i，所对圆心角为 α_i，则

$$\left.\begin{array}{l} \alpha_i=\dfrac{l_i}{R}\dfrac{180}{\pi} \\[2mm] x_i=R\sin\alpha_i \\[2mm] y_i=R(1-\cos\alpha_i) \end{array}\right\}$$

各细部点测设步骤如下：

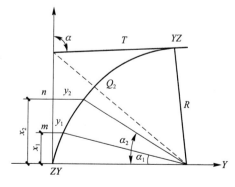

图 7.6 切线支距法

(1)在 ZY 点安置经纬仪，瞄准交点 JD_2，在其方向线上，自 ZY 点起分别测设 x_1 和 x_2，定出点 m 和 n。

(2)分别在点 m 和 n 安置经纬仪定出直角方向，自 ZY 点起分别测设 y_1 和 y_2，定出细部点 1 和 2，以此类推直到曲线中点 QZ。

(3)同法从 $YZ-JD_2$ 切线方向上测设圆曲线另一半细部点。

用切线支距法测设曲线，由于各细部点是独立完成的，其测角与量边的误差都不积累，所以在支距不太大的情况下，具有精度较高，操作较简便的优点，因而应用较为广泛。但它不能自己闭合，不能自行检查，所以对已测设的细部点，要实量其相邻两点间的距离，并符合精度要求。

3. 极坐标法

极坐标法适用曲线较短或采用光电测距仪测设的情况下。首先计算各细部点桩段偏角和弦长，然后把仪器安置在曲线起点 ZY(或终点 YZ)，测设各桩段偏角，在视线方向上测设弦长，定出细部点。根据相邻细部点之间的距离进行检核，其误差应在限差内。

7.3.3 南方 NTS-340 系列全站仪道路平曲线测设

操作步骤	显示
1. 道路程序菜单	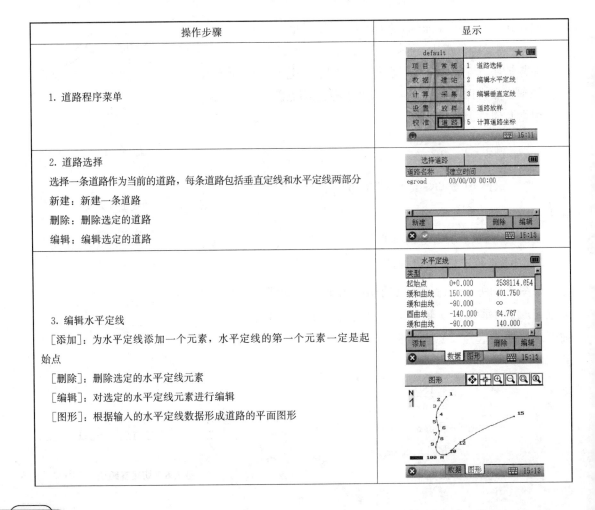
2. 道路选择 选择一条道路作为当前的道路，每条道路包括垂直定线和水平定线两部分 新建：新建一条道路 删除：删除选定的道路 编辑：编辑选定的道路	
3. 编辑水平定线 [添加]：为水平定线添加一个元素，水平定线的第一个元素一定是起始点 [删除]：删除选定的水平定线元素 [编辑]：对选定的水平定线元素进行编辑 [图形]：根据输入的水平定线数据形成道路的平面图形	

操作步骤	显示
(1)水平定线图形 水平定线包含以下元素：起始点、直线、圆曲线、缓和曲线 起始里程：起始点的里程 N：起始点的坐标 N E：起始点的坐标 E 方位角：起始方位角	起始点 起始里程 0.000 m N 0.000 m E 0.000 m 方位角 0.0000 dms 15:26
(2)输入直线参数 直线：输入直线的参数 长度：输入直线的长度，长度值要大于零	水平定线 □直线 □圆曲线 □缓和曲线 长度 0.000 m 15:14
(3)输入圆曲线参数 圆曲线：输入圆曲线的参数 半径：输入圆曲线的半径，正数为右转，负数为左转 弧长：输入圆曲线的弧长，必须为正值	水平定线 □直线 □圆曲线 □缓和曲线 半径 0.000 m 弧长 0.000 m 15:14
4. 道路放样 对于道路的定线放样，必须要先定义线形。按照定义好水平定线数据和垂直定线数据(垂直定线数据如不需要计算填挖，可不予定义)	中线 左偏差 右偏差 高差 2+150 中线
在道路放样之前要进行建站 起始桩号：进行连续放样的起始位置 步进值：在放样时，每次增加或减少的里程值 左、右：垂直于道路，距离道路中心点的左右偏差 上、下：放样点与道路中线上的设计点的高程差值 [继续]：完成初步的设置，开始进入放样界面	道路放样 桩号 2.000 m 减 加 镜高 0.000 m 坐标 左转 168.5000 dms HA 191.0328 dms 移远 2585523.00 m HD 2585528.51 m 向左 1.259 m Z 2.505 m 填方 201.592 m 存储 测量 放样 数据 图形 15:22
5.计算道路坐标 完成水平定线和垂直定线后可将坐标计算并且保存为坐标数据，这样就可以通过点放样的方式进行放样。 起始里程：开始计算的起始里程 结束里程：计算的结束里程 步进值：计算坐标点的间隔值 起始点名：计算得出的坐标点的名称，之后的将自动加 1	坐标计算 起始里程 0.000 结束里程 1141.111 步进值 10.000 起始点名 egroad 15:23

备注：桩号：当前放样点的桩号；镜高：当前的棱镜高；减：桩号按照步进值进行减少；加：桩号按照步进值进行增加；坐标：查看计算得到的放样点的坐标；正确：当前值为正确值；左转、右转：仪器水平角应该向左或者向右旋转的角度；移近、移远：棱镜相对仪器移近或者移远的距离；向右、向左：棱镜向左或者向右移动的距离；挖方、填方：棱镜向上或者向下移动的距离；HA：输入放样的水平角度；HD：输入放样的水平距离；Z：放样点的高程；[存储]：存储前一次的测量值；[测量]：进行测量；[数据]：显示测量的结果；[图形]：显示放样点、测站点、测量点的图形关系。

7.3.4　列举圆曲线测设工程实例

如图 7.7 所示，山岭地区某二级公路有一弯道，$JD_5 = K2 + 586.50$，ZY 点到 JD 方向方位角 $A = 35°23'18.3''$。根据图 7.7 和表 7.4 的已知数据，采用偏角法、支距法及极坐标法放样道路中桩。

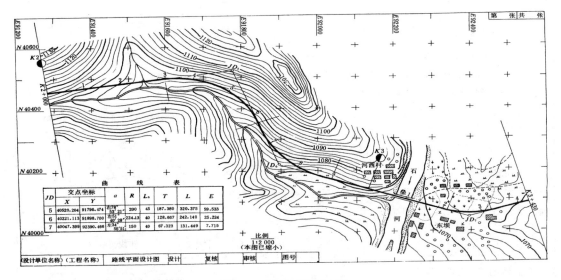

图 7.7　路线平面设计图

表 7.4　曲线表

JD	交点坐标		α	R	T	L	E
	X	Y					
5	520.204	796.474	78°53'20"	200	164.54	275.23	58.99

7.4.1 实训过程及学习记录

(1)根据工程案例图表，获得已知数据，计算圆曲线主点里程(表7.5、表7.6)。

表7.5 圆曲线要素计算

圆曲线设计要素	$R=$
	$\alpha_右=$
圆曲线计算要素	$T=$
	$L=$
	$E=$
	$D=$

表7.6 圆曲线主点里程

序号	主点	里程	备注
1	JD点里程	K2+586.50	已知
2	ZY点里程		
3	YZ点里程		
4	QZ点里程		
5	检核JD点里程		

(2)采用偏角法放样，完成放样数据计算过程(表7.7)。

表7.7 偏角法放样数据

点号	桩号	相邻桩点弧长/m	偏角/(° ′ ″)	弦长/m
1				
2				
3				
4				
5				
6				
7				
8				
……				

1)1 号桩点弦长、偏角计算：

2)2 号桩点弦长、偏角计算：

(3)采用支距法放样，完成放样数据计算过程(表7.8)。

表 7.8　支距法放样数据

点号	桩号	各桩至 ZY 或 YZ 的曲线长/m	圆心角/(° ′ ″)	x_i/m	y_i/m
1					
2					
3					
4					
5					
6					
7					
8					
……					

1)1 号桩点 x_i、y_i 计算：

2)2 号桩点 x_i、y_i 计算：

(4)采用极坐标法放样，完成放样数据计算过程(表7.9)。

表 7.9　全站仪极坐标放样数据

桩号	偏角/(° ′ ″)	方位角/(° ′ ″)	弦长/m	坐标/m		备注
				x	y	

1)1 号桩点坐标 x、y 计算：

2)2 号桩点坐标 x、y 计算：

7.4.2 实训过程检验

1. 切线支距法放样时，依据的直角坐标系是怎样建立的？

2. 圆曲线主点测设的步骤和方法是什么？

7.4.3 实训效果评价

1. 自我评价

实训项目			实训人员	
小组编号			自评得分	
序号	评估项目	分值	实训要求	评定分数
1	任务完成情况	20	按要求完成实训任务	
2	规范使用仪器	20	正确操作仪器、文明实训、仪器未损坏	
3	操作精度、速度	30	工作态度严谨、精益求精、成果满足限差要求	
4	实训纪律	10	按时实训、遵守课堂纪律	
5	团结合作	20	服从组长安排、能配合其他组员工作	

实训总结：

1. 学到的知识、技能点：

2. 不理解的知识点：

2. 同学互评

实训项目			实训人员		
小组编号			互评得分		
序号	评估项目	分值	实训要求		评定分数
1	实训纪律	20	不迟到早退		
2	安全操作	20	安全操作仪器、仪器未损坏		
3	工作态度	20	学习积极主动、有责任心		
4	团队精神	40	有效沟通、主动帮助他人、接受工作分配		
小组评语及建议：					
小组成员：				评价时间：	

3. 教师评价

实训项目			实训人员		
小组编号			教师评价得分		
序号	评估项目	分值	实训要求		评定分数
1	操作程序	20	操作动作规范、操作程序正确		
2	操作速度	20	操作速度快、按时完成实训任务		
3	操作精度	20	观测精度符合精度要求		
4	数据记录	10	记录规范、无转抄、涂改、抄袭		
5	团结合作	20	服从组长安排、能配合其他组员工作		
6	实训纪律	10	按时实训、遵守课堂纪律		
教师评语及建议： 1. 存在的问题： 2. 评语及建议： 					
指导教师：				评价时间：	

实训项目 8　水准测量工程应用

8.1　测设已知高程及直线坡度

班级：_____　姓名：_____　学号：_____　工号：_____　日期：_____　测评等级：_____

实训任务	测设已知高程及直线坡度	教学模式	
建议学时	4学时	教学地点	
任务描述	小宋在测量员工作岗位上已经工作三个月的时间了。今天上班后又接到一个新的项目，是新建的办公大楼开挖基坑平整度检查。首先小宋需要掌握场地平整水平桩放样方法，并了解场地平整的测设方法		
学习目标	1. 熟悉测设已知高程的地面点的方法与步骤； 2. 掌握测设水平面的方法与步骤； 3. 掌握测设已知坡度直线的方法与步骤		
学习准备	1. 每一实训小组6人，选1名小组长，负责仪器领取、保管及交还，成果报告收发； 2. 仪器工具：DS3水准仪1台、水准尺2把、三脚架1个		

教学实施	工作岗位	时间	时间	时间	时间	时间	时间
	操作仪器1(1人)						
	操作仪器2(1人)						
	操作仪器3(1人)						
	工具管理(1人)						
	安全监督(1人)						
	质量检验(1人)						

实训注意	1. 当一人操作仪器时，小组其他人员只进行言语协助，严禁多人同时操作一台仪器； 2. 严禁将水准仪置于一边，无人看管； 3. 严禁坐、压仪器箱，观测期间应将仪器箱关闭； 4. 水准仪测设过程中，水准尺应保持竖直，并在标定水准尺底部位置时，应保持水准尺稳固，不要上下移动； 5. 如果测设部位离已知点较远，应设置转点； 6. 坡度测设时由于水准仪望远镜纵向移动有限，若坡度较大，超出水准仪脚螺旋的调节范围时，可使用经纬仪测设

8.1.1 测设已知高程的地面点的方法与步骤

高程测设就是根据附近的水准点，将已知的设计高程测设到现场作业面上。

在建筑设计和施工中，为了计算方便，一般把建筑物的室内地坪用 ±0.000 表示，基础、门窗等的标高都是以 ±0.000 为依据确定的。

假设在设计图纸上查得建筑物的室内地坪高程为 $H_设$，而附近有一水准点 A，其高程为 H_A，现要求把 $H_设$ 测设到木桩 B 上。如图 8.1 所示，在木桩 B 和水准点 A 之间安置水准仪，在 A 点上立尺，读数为 a，则水准仪视线高程 $H_i = H_A + a$。

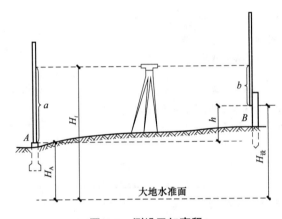

图 8.1　测设已知高程

根据视线高程和地坪设计高程可计算出 B 点尺上应有的读数为

$$b_应 = H_i - H_设$$

然后将水准尺紧靠 B 点木桩侧面上下移动，直到水准尺读数为 $b_应$ 时，沿尺底在木桩侧面画线，此线就是测设的高程位置。

8.1.2 测设水平面的方法与步骤

在工程施工中，欲使某施工平面满足规定的设计高程 $H_设$，如图 8.2 所示，可先在地面上按一定的间隔长度测设方格网，用木桩标定各方格网点。然后，根据上述高程测设的基本原理，由已知水准点 A 的高程 H_A 测设出高程为 $H_设$ 的木桩点。测设时，在场地与已知点 A 之间安置水准仪，读取 A 尺上的后视读数 a，则仪器视线高程为

$$H_i = H_A + a$$

依次在各木桩上立尺，使各木桩顶的尺上读数均为

$$b_应 = H_i - H_设$$

此时各桩顶就构成了测设的水平面。

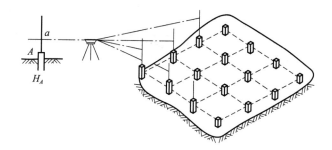

图 8.2　测设已知水平面

8.1.3　测设已知坡度直线的方法与步骤

道路、管道、地下工程、场地平整等工程施工中，常需要测设已知设计坡度的直线。已知坡度直线的测设工作，实际上就是每隔一定距离测设一个符合设计高程位置桩，使之构成已知坡度。

如图 8.3 所示，A、B 为设计坡度的两个端点，已知 A 点高程 H_A，设计的坡度 i'，则 B 点的设计高程可用下式计算：

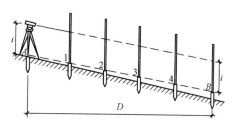

图 8.3　测设已知坡度直线

$$H_B = H_A + i'D_{AB}$$

式中，坡度上升时，i' 为正；反之为负。

测设时，可利用水准仪设置倾斜视线测设方法。其步骤如下：

（1）根据附近水准点，将设计坡度线两端 A、B 的设计高程 H_A、H_B 测设于地面上，并打入木桩。

（2）将水准仪安置于 A 点，并量取仪高 i，安置时使一个脚螺旋在 AB 方向上，另两个脚螺旋的连线大致垂直于 AB 方向线。

（3）瞄准 B 点上的水准尺，旋转 AB 方向上的脚螺旋或微倾螺旋，使视线在 B 标尺上的读数等于仪器高 i，此时水准仪的倾斜视线与设计坡度线平行。

（4）在 A、B 之间按一定距离打桩，当各桩点 P_1、P_2、P_3 上的水准尺读数都为仪器高 i 时，则各桩顶连线就是所需测设的设计坡度。

施工中有时需根据各地面点的标尺读数决定填挖高度。这时可利用以下方法确定，若各桩顶的标尺实际读数为 b_i 时，则可按下式计算各点的填挖高度：

$$填挖高度 = i - b_i$$

式中，$i = b_i$ 时，不填不挖；$i > b_i$ 时，须挖；$i < b_i$ 时，须填。

8.2.1 实训过程及学习记录

实训任务一：

模拟施工现场，高程控制点根据测绘院提供的 BM_A 高程控制点，采用环线闭合的方法，将外侧水准点引测至场内（此项内容在前面已经实习过），并向建筑物四周围墙上引测固定高程控制点为 35.100 m，东侧设一个为 BM_1，南侧设四个点分别为 BM_2、BM_3、BM_4、BM_5，即根据给定的控制点的高程，引测固定高程控制点为 35.100 m，作为（±0.000 的标高）施工水准点（表 8.1）。

表 8.1 测设已知高程观测记录

点号	高程/m	后视读数/m	视线高程/m	前视应读/m	备注
BM_A	35.314				已知
BM_1	35.100				设计值
BM_2	35.100				设计值
BM_3	35.100				设计值
BM_4	35.100				设计值
BM_5	35.100				设计值

实训任务二：

基坑抄平（测设已知水平桩），由施工现场控制桩上的 ±0.000 标高线，测设基坑里的 0.5 m 水平控制桩，如图 8.4 所示。基础抄平观测记录见表 8.2。

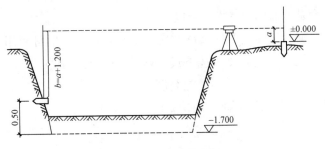

图 8.4 基坑抄平

表 8.2　基础抄平观测记录

序号	已知点高程/m	测设点高程/m	高差/m	后视读数/m	前视应读/m	备注

8.2.2　实训过程检验

1. 若无法直接测设出设计高程，该如何处理？

2. 检查场地平整度后，填挖如何确定？高度为多少？

8.2.3　实训效果评价

1. 自我评价

实训项目			实训人员		
小组编号			自评得分		
序号	评估项目	分值	实训要求		评定分数
1	任务完成情况	20	按要求完成实训任务		
2	规范使用仪器	20	正确操作仪器、文明实训、仪器未损坏		
3	操作精度、速度	30	工作态度严谨、精益求精、成果满足限差要求		
4	实训纪律	10	按时实训、遵守课堂纪律		
5	团结合作	20	服从组长安排、能配合其他组员工作		

实训总结：

1. 学到的知识、技能点：

2. 不理解的知识点：

2. 同学互评

实训项目			实训人员	
小组编号			互评得分	
序号	评估项目	分值	实训要求	评定分数
1	实训纪律	20	不迟到早退	
2	安全操作	20	安全操作仪器、仪器未损坏	
3	工作态度	20	学习积极主动、有责任心	
4	团队精神	40	有效沟通、主动帮助他人、接受工作分配	
小组评语及建议:				
小组成员:			评价时间:	

3. 教师评价

实训项目			实训人员	
小组编号			教师评价得分	
序号	评估项目	分值	实训要求	评定分数
1	操作程序	20	操作动作规范、操作程序正确	
2	操作速度	20	操作速度快、按时完成实训任务	
3	操作精度	20	观测精度符合精度要求	
4	数据记录	10	记录规范、无转抄、涂改、抄袭	
5	团结合作	20	服从组长安排、能配合其他组员工作	
6	实训纪律	10	按时实训、遵守课堂纪律	
教师评语及建议: 1. 存在的问题: 2. 评语及建议: 				
指导教师:			评价时间:	

8.3　高程传递

班级：＿＿＿＿＿　姓名：＿＿＿＿＿　学号：＿＿＿＿＿　工号：＿＿＿＿＿　日期：＿＿＿＿＿　测评等级：＿＿＿＿＿

实训任务	高程传递	教学模式					
建议学时	2 学时	教学地点					
任务描述	小宋所在的工程项目，目前进行主体工程施工。今天的任务是根据已知高程点，测设 2 层的设计标高，要求在 2 层测设 6 个设计高程点。三个已知高程点为 $BM_A = 35.314$ m、$BM_B = 35.097$ m 及 $BM_C = 35.386$ m 和三个高程控制点，2 层设计高程为 39.625 m。小宋对高程传递这部分知识有点模糊，高程传递该如何操作呢						
学习目标	1. 掌握高程传递的操作方法； 2. 熟练掌握高程传递前视点应得数据计算方法						
学习准备	1. 每一实训小组 7 人，选 1 名小组长，负责仪器领取、保管及交还，成果报告收发； 2. 仪器工具：自动安平水准仪 1 台、水准尺 1 对、三脚架 1 个、铅笔、记录板等						
教学实施	工作岗位	时间	时间	时间	时间	时间	时间
	操作仪器(1 人)						
	扶水准尺(2 人)						
	记录计算(1 人)						
	工具管理(1 人)						
	安全监督(1 人)						
	质量检验(1 人)						
实训注意	1. 仪器限差符合同级别仪器限差要求； 2. 当一人操作仪器时，小组其他人员只进行言语协助，严禁多人同时操作一台仪器； 3. 严禁将水准仪置于一边，无人看管；严禁坐、压仪器箱，观测期间应将仪器箱关闭； 4. 水准仪测设过程中，水准尺应保持竖直，并在标定水准尺底部位置时，应保持水准尺稳固，不要上下移动； 5. 标高抄测时，采取独立施测二次法，其限差为±3 mm，所有抄测应以水准点为后视； 6. 垂直度观测，若采取吊垂球应在无风的情况下，如有风而不得不采取吊垂球时，可将垂球置于水桶内						

高程传递的方法与步骤如下：

(1)建筑施工中的开挖基槽或修建较高建筑，需要向低处或高处传递高程，此时可用悬挂钢尺代替水准尺。

(2)如图 8.5 所示，欲根据地面水准点 A，在坑内测设点 B，使其高程为 $H_设$。为此，在坑边架设一吊杆，杆顶吊一根零点向下的钢尺，尺的下端挂一质量相当于钢尺检定时拉力的重物，在地面上和坑内各安置一台水准仪，分别在尺上和钢尺上读得 a、b、c，则 B 点水准尺读数 d 应为

$$d=H_A+a-(b-c)-H_设$$

(3)若向建筑物上部传递高程时，可采用如图 8.6 所示方法。若欲在 B 处设置高程 H_B，则可在该处悬挂钢尺，使零端在上，上下移动钢尺，使水准仪的前视读数为

$$b=H_B-(H_A+a)$$

则钢尺零刻线所在的位置即欲测设的高程。

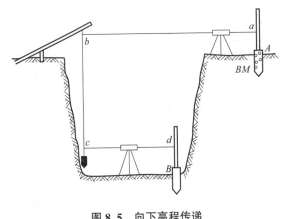

图 8.5　向下高程传递

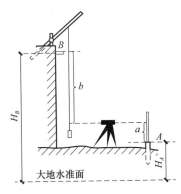

图 8.6　向上高程传递

8.4　工程应用实训报告六　高程传递实训

8.4.1　实训过程及学习记录

实训任务一：

模拟施工现场：主体施工控制标高，测设 0.5 m 标准线及抄坪，传递高程。

柱子的钢筋笼箍绑扎完成后要测设高于楼地面 0.5 m 的水平墨线，作为控制楼层标高、门窗过梁、钢筋绑扎标高、模板标高、地面施工及装修时标高控制线——+50 标高线，即

采用水准测量的方法，测设一条高出室内地坪线 0.5 m 的水平线。

(1)由控制桩上的±0.000 标高，引测施工现场的 0.5 m 标准线并抄坪 0.5 m 标准线。

(2)模拟工程施工，欲从教学楼连廊，假设控制桩上的±0.000 标高，用测设已知高程方法，引测施工现场的 0.5 m 标准线至教学楼柱子上，再由柱子上的 0.5 m 标准线进行抄坪至其他柱子上的 0.5 m 标准线。

(3)其他各层传递高程。要求在建筑物指定的对角标准柱子上用钢尺直接从下层的 0.5 m 标高线向上量该层层高，做标记；用水准仪测设该层的 0.5 m 的水平线(图 8.7)。

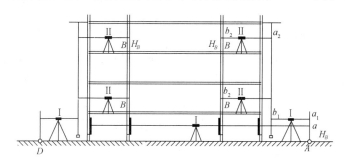

图 8.7　建筑物楼层高程传递

测设建筑物各层＋50 标高线记录表见表 8.3。

表 8.3　测设建筑物各层＋50 标高线记录表

所测设层	该层至一层的层高累加	底层后视读数	底层前视读数	该层后视读数	该层应读前视读数	层高

特别提示：主体上部结构施工时采用钢尺直接丈量垂直高度传递高程。首层施工完成后，应在结构的外墙面抄测＋50 cm交圈水平线，在该水平线上方便于向上挂尺的地方，沿建筑物的四周均匀布置四个点，做出明显标记，作为向上传递基准点，这四点必须上下通视，结构无突出点为宜。以这几个基准点向上拉尺到施工面上以确定各楼层施工标高。在施工面上首先应闭合检查四点标高的误差，当相对标高差小于3 mm时，取其平均值作为该层标高的后视读数，并抄测该层＋50 cm水平标高线。施工标高点测设在墙、柱外侧立筋上，并用红油漆做好标记。

实训任务二：

深基坑，现在都是高层建筑地下一层车库、二层车库。模拟施工现场，通过高程控制点的联测，在向基坑内引测标高。为保证竖向控制的精度，对所需的标高临时控制点即水平桩(又称腰桩)必须正确投测，腰桩的距离一般从角点开始每隔3～5 m测设一个，比基坑底计标高高出0.5～1.0 m，并相互校核，较差控制在±3 mm即为满足要求。

已知基坑深为10.8 m，试采用高程传递的方法，设计通过地面水准基点(±0.000 m标高点)，测设基坑水平桩的方法及步骤，绘制基坑高程控制测设过程示意图，至少观测5个桩号，如图8.8所示，填写实训表格(表8.4)。

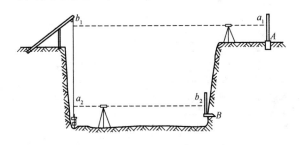

图8.8　深基坑高程传递

表8.4　测设基坑水平桩记录表

桩号	水准点高程	控制桩拟测设高程	水准点后视读数	钢尺前视读数	钢尺后视读数	应读的前视读数

8.4.2　实训过程检验

1. 建筑物主体施工时高程传递采用哪些方法减小误差、提高精度？

2. 前视应得视数计算方法是什么？

8.4.3　实训效果评价

1. 自我评价

实训项目				实训人员	
小组编号				自评得分	
序号	评估项目	分值		实训要求	评定分数
1	任务完成情况	20		按要求完成实训任务	
2	规范使用仪器	20		正确操作仪器、文明实训、仪器未损坏	
3	操作精度、速度	30		工作态度严谨、精益求精、成果满足限差要求	
4	实训纪律	10		按时实训、遵守课堂纪律	
5	团结合作	20		服从组长安排、能配合其他组员工作	
实训总结： 1. 学到的知识、技能点： 2. 不理解的知识点：					

2. 同学互评

实训项目			实训人员		
小组编号			互评得分		
序号	评估项目	分值	实训要求		评定分数
1	实训纪律	20	不迟到早退		
2	安全操作	20	安全操作仪器、仪器未损坏		
3	工作态度	20	学习积极主动、有责任心		
4	团队精神	40	有效沟通、主动帮助他人、接受工作分配		
小组评语及建议：					
小组成员：				评价时间：	

3. 教师评价

实训项目			实训人员		
小组编号			教师评价得分		
序号	评估项目	分值	实训要求		评定分数
1	操作程序	20	操作动作规范、操作程序正确		
2	操作速度	20	操作速度快、按时完成实训任务		
3	操作精度	20	观测精度符合精度要求		
4	数据记录	10	记录规范、无转抄、涂改、抄袭		
5	团结合作	20	服从组长安排、能配合其他组员工作		
6	实训纪律	10	按时实训、遵守课堂纪律		
教师评语及建议： 1. 存在的问题： 2. 评语及建议：					
指导教师：				评价时间：	

8.5 路线纵横断面测量

班级：_____ 姓名：_____ 学号：_____ 工号：_____ 日期：_____ 测评等级：_____

实训任务	路线纵横断面测量	教学模式	
建议学时	4 学时	教学地点	

任务描述	小韩作为测绘单位测量班组的测量员，现接到一项任务，测量山岭地区某二级公路路线的纵横断面，需要根据已有资料中的已知数据，完成设计路中桩的地面点高程，以及各个中桩处路线横断面地面点高程，为进行下一步的施工图设计和编制施工图预算工作提供资料
学习目标	1. 熟悉道路纵横断面测量的内容； 2. 掌握中平测量的测量方法及记录计算； 3. 掌握横断面测量的测量方法及记录计算
学习准备	1. 每一实训小组 7 人，选 1 名小组长，负责仪器领取、保管及交还，成果报告收发； 2. 仪器工具：自动安平水准仪 1 台、水准尺 1 对、三脚架 1 个、铅笔、记录板等

教学实施	工作岗位	时间	时间	时间	时间	时间	时间
	操作仪器(1 人)						
	扶水准尺(2 人)						
	记录计算(1 人)						
	工具管理(1 人)						
	安全监督(1 人)						
	质量检验(1 人)						

实训注意	1. 仪器限差符合同级别仪器限差要求； 2. 基平水准测量应使用不低于 DS3 级水准仪，按四等水准测量的方法和精度要求，采用往返或两组单程在两水准点之间进行观测； 3. 转点尺应立在尺垫、稳固的桩顶或坚石上，尺上读数至毫米，视线长一般不应超过 150 m； 4. 中间点尺上读数至厘米，要求尺子立在紧靠桩边的地面上

8.5.1 路线纵断面测量

纵断面测量又可分为基平测量(水准点高程测量)和中平测量(中桩高程测量)。

1. 基平测量

基平测量时,要先将起始水准点与国家水准点进行联测,以获得绝对高程。在沿线其他水准点的测量过程中,凡能与附近国家水准点进行联测的均应联测,以进行水准路线的校核条件。

基平测量的方法:基平测量一般采用三、四等水准测量或普通水准测量,各级公路及构造物的水准测量等级应按照表 8.5 选定,其主要技术要求见表 8.6。

表 8.5　公路及构造物的水准测量等级

高架桥、路线控制测量	多跨桥梁总长 L/m	单跨桥梁长度 L_K/m	隧道贯通长度 L_G/m	测量等级
—	$L \geqslant 3\,000$	$L_K \geqslant 500$	$L_G \geqslant 6\,000$	二等
—	$1\,000 \leqslant L < 3\,000$	$150 \leqslant L_K < 500$	$3\,000 \leqslant L_G < 6\,000$	三等
高架桥、高速公路、一级公路	$L < 1\,000$	$L_K < 150$	$L_G < 3\,000$	四等
二、三、四级公路	—	—	—	五等
注:水准测量的主要技术要求应符合规定				

表 8.6　公路及构造物的水准测量的主要技术要求

测量等级	往、返较差,附合或环线闭合差/mm		检测已测测段高差之差/mm
	平原、微丘	山岭、重丘	
二等	$4\sqrt{l}$	$\leqslant 4\sqrt{l}$	$\leqslant 6\sqrt{L_i}$
三等	$12\sqrt{l}$	$\leqslant 3.5\sqrt{n}$ 或 $\leqslant 15\sqrt{l}$	$\leqslant 20\sqrt{L_i}$
四等	$20\sqrt{l}$	$\leqslant 6.0\sqrt{n}$ 或 $\leqslant 25\sqrt{l}$	$\leqslant 30\sqrt{L_i}$
五等	$30\sqrt{l}$	$\leqslant 45\sqrt{l}$	$\leqslant 40\sqrt{L_i}$

2. 中平测量

基平测量结束后,根据水准点高程,用附合水准测量的方法,测定路中线各里程桩的地面高程,称为中平测量,即中桩高程测量。中平测量的方法通常有水准测量、三角高程测量和 GPS-RTK 测量。

(1)中平水准测量原理。中平水准测量是从一个水准点出发，按普通水准测量的要求，用"视线高法"测出该测段内所有中桩的地面高程，最后附合到另一个水准点上。

如图 8.9 所示，若以水准点 BM_1 开始，首先置水准仪于 1 站，在 BM_1 立尺，读取后视读数，读数至毫米；以 TP_1 为前视，读取前视读数，读数至毫米；K_i 为中间点，最后逐一读取中间点上尺的读数，称为中视读数，读数至厘米。

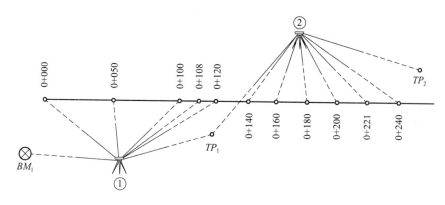

图 8.9 中平测量示意

中桩及转点的高程按下式计算：

$$视线高程＝后视点高程＋后视读数$$
$$转点高程＝视线高程－前视读数$$
$$中桩高程＝视线高程－中视读数$$

转点 TP 起传递高程的作用，应保证读数正确，要求读至毫米，并选在较稳固之处，在软土处选转点时，应按尺垫并踏紧，有时也可选中桩作为转点。由于中间点不传递高程，且本身精度要求仅分米，为了提高观测速度，读数取至厘米即可。

中平测量只做单程观测(表 8.7)。一测段观测结束后，应计算测段高差。与基平所测测段两端点高差之差，称为测段高差闭合差。精度要求：高速公路、一级、二级公路为 $\pm 30\sqrt{L}$ mm 三级、四级公路为 $\pm 50\sqrt{L}$ mm。

表 8.7 路线纵断面水准(中平)测量记录

测站	点号	水准尺读数/m			仪器视线高程/m	高程/m	备注
		后视	中视	前视			
1	BM_1	2.191			14.505	12.314	
	0+000		1.62			12.89	
	+050		1.90			12.61	
	+100		0.62			13.89	ZY.1
	+108		1.03			13.48	
	+120		0.91			13.60	
	TP_1			1.006		13.499	

测站	点号	水准尺读数/m			仪器视线高程/m	高程/m	备注
		后视	中视	前视			
2	TP_1	2.162			15.661	13.499	
	+140		0.50			15.16	
	+160		0.52			15.14	
	+180		0.82			14.84	
	+200		1.20			14.46	QZ.1
	+221		1.01			14.65	
	+240		1.06			14.60	
	TP_2			1.521		14.140	
3	TP_2	1.421			15.561	14.140	
	+260		1.48			14.08	
	+280		1.55			14.01	
	+300		1.56			14.00	
	320		1.57			13.99	YZ.1
	+335		1.77			13.79	
	+350		1.97			.13.59	
	TP_3			1.388		14.173	
4	TP_3	1.724			15.897	14.173	
	+384		1.58			14.32	
	+391		1.53			14.37	JD.2
	+400		1.57			14.33	
	BM_2			1.281		14.616	(14.618)

(2)中平水准测量施测、记录和计算。如图8.9所示，水准仪置于1站，后视水准点BM_1，前视转点TP_1，将观测结果分别记入表中"后视"和"前视"栏；然后观测BM_1且与TP_1间的各个中桩，将后视点BM_1上的水准尺依次立于0+000、+050、…、+120等各中桩地面上，将读数分别记入表中视栏，见表8.5，仪器搬至2站，后视转点TP_1，前视转点TP_2，然后观测竖立于各中桩地面点上的水准标尺。用同法继续向前观测，直至附合到水准点BM_2，完成一测段的观测工作。

测量结束后，应首先计算出水准测量的闭合差，当闭合差在限差要求范围内时，应将闭合差按测站数平均反符号分配于各站。

8.5.2 路线横断面测量

横断面测量的目的是测定路线两测变坡点的平距与高差，视线路的等级和地形情况，可以采用不同的方法。对于铁路、高速公路和一级公路应采用水准仪法、GPS-RTK法、全站仪法或经纬仪视距的方法测量，对于二级以下公路的断面可采用手水准仪法或抬杆法测量，无构造物及防护工程路段可采用数字地面模型方法和手持式无棱镜测距仪法测量。

如图 8.10 所示，选择适当的位置安置水准仪，首先在中心桩上竖立水准尺，读取后视读数，然后在横断面方向上的坡度变化点处竖立水准尺，读取前视读数，用皮尺量出立尺点到中心桩的水平距离。水准尺读数至厘米，水平距离精确至分米。记录格式见表 8.8。各点的高程可由视线高程求得。

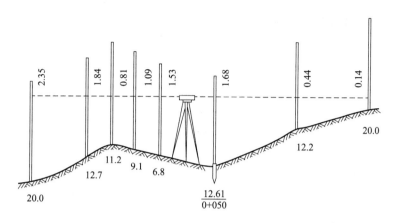

图 8.10　水准测量横断面

表 8.8　横断面测量(水准仪)记录表

桩号 0+050				高程 12.61 m		
测点		水平距离/m	后视/m	前视/m	视线高/m	高程/m
左	右					
左	右	0	1.68		14.29	
1		6.8		1.53		12.76
2		9.1		1.09		13.20
3		11.2		0.81		13.48
...	...	...	...	...	...	...

此法精度较高，在横向坡度较大或地形复杂的地区不宜采用。

8.6.1 实训过程及学习记录

实训任务一：

填写表 8.9 中平测量记录计算表。

表 8.9 中平测量记录计算表

工程名称		日期		观测员		
仪器型号		天气		记录员		
测点	水准尺读数			视线高/m	测点高程/m	备注
	后视 A	中视 K	前视 B			
BM_1						

复核：$f_{h容} \leqslant \pm 50\sqrt{L}\,\text{mm}$

实训任务二：

填写表 8.10 水准仪皮尺法横断面测量记录计算表。

表 8.10　水准仪皮尺法横断面测量记录计算表

桩号	各变坡点至中桩点的水平距离		后视读数	前视读数	各变坡点与中桩点间的高差	备注
K1+420						中桩点
	左侧					
	右侧					
……	……					

横断面检测限差见表 8.11。

表 8.11　横断面检测限差

横断面检测限差		
路线	距离/m	高程/m
高速公路，一级路	$(0.1+L/100)$	$(0.1+H/100+L/200)$
二级及二级以下路	$(0.1+L/50)$	$(0.1+H/50+L/100)$

注：H 为测站与中桩间高差，L 为测站点到中桩的水平距离

8.6.2　实训过程检验

1. 中平测量中桩点 TP 的作用是什么？读数精度和设置要求应符合哪些规定？

2. 中平测量中间点的作用是什么？读数精度要求应符合哪些规定？

8.6.3 实训效果评价

1. 自我评价

实训项目			实训人员		
小组编号			自评得分		
序号	评估项目	分值	实训要求		评定分数
1	任务完成情况	20	按要求完成实训任务		
2	规范使用仪器	20	正确操作仪器、文明实训、仪器未损坏		
3	操作精度、速度	30	工作态度严谨、精益求精、成果满足限差要求		
4	实训纪律	10	按时实训、遵守课堂纪律		
5	团结合作	20	服从组长安排、能配合其他组员工作		
实训总结： 1.学到的知识、技能点： 2.不理解的知识点： 					

2. 同学互评

实训项目			实训人员		
小组编号			互评得分		
序号	评估项目	分值	实训要求		评定分数
1	实训纪律	20	不迟到早退		
2	安全操作	20	安全操作仪器、仪器未损坏		
3	工作态度	20	学习积极主动、有责任心		
4	团队精神	40	有效沟通、主动帮助他人、接受工作分配		
小组评语及建议： 小组成员： 评价时间：					

3. 教师评价

实训项目				实训人员	
小组编号				教师评价得分	
序号	评估项目	分值	实训要求		评定分数
1	操作程序	20	操作动作规范、操作程序正确		
2	操作速度	20	操作速度快、按时完成实训任务		
3	操作精度	20	观测精度符合精度要求		
4	数据记录	10	记录规范、无转抄、涂改、抄袭		
5	团结合作	20	服从组长安排、能配合其他组员工作		
6	实训纪律	10	按时实训、遵守课堂纪律		

教师评语及建议:

1. 存在的问题:

2. 评语及建议:

指导教师: 评价时间:

20 _____ －20 _____ 学年，第_____ 学期，

建筑工程测量实训课程综合评价，姓名：_____ 学号：_____

序号	实训项目	自评得分 30%	互评得分 30%	教师评价得分 40%	总评得分	备注
1						
2						
3						
4						
5						
6						
7						
8						
9						
10						
11						
12						
13						
14						
15						
16						
17						
18						
19						
20						

附　录

附录 A　测量工作中的常用计量单位

量名	单位名	符号	换算关系	量名	单位名	符号	换算关系
长度	米 分米 厘米 毫米 千米 海里(只用于航海)	m dm cm mm km n mile	$1\ dm=10^{-1}\ m$ $1\ cm=10^{-2}\ m$ $1\ mm=10^{-3}\ m$ $1\ km=10^{3}\ m$ $1\ n\ mile=1\ 852\ m$	平面角	弧度 [角]秒 [角]分 度	rad (″) (′) (°)	1 圆周角$=2\pi$rad $1''(\pi/648\ 000\ rad)$ $1'=60''$ $1°=60'$ $\rho°\approx57.30°$ $\rho'=3\ 438'$ $\rho''\approx206\ 265''$
面积	平方米 平方千米 公顷 亩	m^2 km^2 ha	$1\ km^2=10^6\ m^2$ $1\ ha=10^4\ m^2$ $1\ 亩=666.7\ m^2$	时间	秒 分 [小]时 天	s min h d	$1\ min=60\ s$ $1\ h=60\ min$ $1\ d=24\ h$
体积	立方米	m^3					

附录 B　测量中的有效单位

一、有效数字的概念

所谓有效数字，具体地说，是指在分析工作中实际能够测量到的数字。所谓能够测量到的是包括最后一位估计的、不确定的数字。

我们把通过直读获得的准确数字叫作可靠数字，把通过估读得到的那部分数字叫作存疑数字，把测量结果中能够反映被测量大小的带有一位存疑数字的全部数字叫作有效数字。如上例中测得物体的长度为 7.45 cm。数据记录时，记录的数据和实验结果的表述中的数据便是有效数字。

二、数字凑整规则

测量数据在成果计算过程中，往往涉及凑整问题。为了避免凑整误差的积累而影响测量成果的精度，通常采用以下凑整规则。

(1)被舍去数值部分的首位大于 5，则保留数值最末位加 1。

(2)被舍去数值部分的首位小于 5，则保留数值最末位不变。

(3)被舍去数值部分的首位等于 5，则保留数值最末位凑成偶数。

综合上述原则，可表述为：大于 5 则进，小于 5 则舍，等于 5 视前一位数而定，奇进偶不进。例如，下列数字凑整后保留三位小数时，3.141 59→3.142(奇进)，2.645 75→2.646(进 1)，1.414 21→1.414(舍去)，7.142 56→7.142(偶不进)。

三、数字运算规则

1. 加减法

先按小数点后位数最少的数据保留其他各数的位数，再进行加减计算，计算结果也使小数点后保留相同的位数。

例：计算 50.1＋1.45＋0.581 2＝?

修约为：50.1＋1.4＋0.6＝52.1

先修约，结果相同而计算简捷。

例：计算 12.43＋5.765＋132.812＝?

修约为：12.43＋5.76＋132.81＝151.00

注意：用计数器计算后，屏幕上显示的是 151，但不能直接记录，否则会影响以后的修约；应在数值后添两个 0，使小数点后有两位有效数字。

2. 乘除法

先按有效数字最少的数据保留其他各数，再进行乘除运算，计算结果仍保留相同有效数字。

例：计算 0.012 1×25.64×1.057 82＝?

修约为：0.012 1×25.6×1.06＝?

计算后结果为：0.328 3 456，结果仍保留为三位有效数字。

记录为：0.012 1×25.6×1.06＝0.328

注意：用计算器计算结果后，要按照运算规则对结果进行修约

例：计算 2.504 6×2.005×1.52＝?

修约为：2.50×2.00×1.52＝?

计算器计算结果显示为 7.6，只有两位有效数字，但我们抄写时应在数字后加一个 0，保留三位有效数字。

2.50×2.00×1.52＝7.60

3. 乘方、立方、开方运算

运算结果的有效数字位数与底数的有效位数相同。

4. 函数运算

有效数字的四则运算规则，是根据不确定度合成理论和有效数字的定义总结出来的。所以，对于对数、三角函数等函数运算，原则上也要从不确定度传递公式出发来寻找其运算规则。当直接测量的不确定度未给出时，其过程可简化为通过改变自变量末位的一个单位，观察函数运算结果的变化情况来确定其有效数字。

5. 常数

公式中的常数，如 π、e 等，它们的有效数字位数是无限的，运算时一般根据需要而定。

四、测量计算的取位

测量内容	高差/m	高程/m	距离/m	方位角/(″)	水平角/(′)或/(″)	垂直角/(′)或/(″)	坐标增量/m	坐标/m
等外水准测量	0.001	0.001						
四等水准测量	0.000 5	0.001						
三角高程测量	0.01	0.01	0.01			1″		
图根导线测量			0.01	1	1″		0.01	0.01
图根小三角测量			0.01	1	1″		0.01	0.01
碎步测量	0.01 或	0.01 或	0.1		1′	1′		
视距测量	0.1	0.1	0.1		1′	1′		
地籍测量	0.01	0.01	0.01	1	1″		0.01	0.01

附录 C   济南市测量员职业技能等级认定

一、职业(工种)

工程测量员(4—08—03—04)。

二、等级

五级/初级工、四级/中级工、三级/高级工。

三、申报条件

1. 五级/初级工，具备以下条件之一者可申报：

(1)累计从事本职业或相关职业工作 1 年(含)以上；

(2)本职业或相关职业学徒期满。

2. 四级/中级工，具备以下条件之一者可申报：

(1)取得本职业或相关职业五级/初级工职业资格证书(技能等级证书)后，累计从事本职业或相关职业工作 4 年(含)以上；

(2)累计从事本职业或相关职业工作 6 年(含)以上；

(3)取得技工学校本专业或相关专业毕业证书(含尚未取得毕业证书的在校应届毕业生)；或取得经评估论证、以中级技能为培养目标的中等及以上职业学校本专业或相关专业毕业证书(含尚未取得毕业证书的在校应届毕业生)。

3. 三级/高级工，具备以下条件之一者可申报：

(1)取得本职业或相关职业四级/中级工职业资格证书(技能等级证书)后，累计从事本职业或相关职业工作 5 年(含)以上；

(2)取得本职业或相关职业四级/中级工职业资格证书(技能等级证书)，并具有高级技工学校、技师学院毕业证书(含尚未取得毕业证书的在校应届毕业生)；或取得本职业或相关职业四级/中级工职业资格证书(技能等级证书)，并具有经评估论证、以高级技能为培养目标的高等职业学校本专业或相关专业毕业证书(含尚未取得毕业证书的在校应届毕业生)；

(3)具有大专及以上本专业或相关专业毕业证书，并取得本职业或相关职业四级/中级工职业资格证书(技能等级证书)后，累计从事本职业或相关职业工作 2 年(含)以上。

四、测量员评价内容

测量员考核评价内容：考试分理论考核和实操考核。理论考核包括两部分。第一部分《法律、法规基本知识》，内容为公共法律法规、专项法律法规；第二部《分岗位实务知识》，内容为岗位基础知识、水准测量、角度测量、距离测量、测设的基本工作、施工测量准备工作、建筑施工测量、线路工程测量、地形测量、水利工程测量、现代测量仪器与技术和变形观测。实操考核为仪器操作，内容为水准仪操作、经纬仪操作、全站仪操作、GPS操作。

五、评价方式

测量员评价采取理论＋实操考核的方式，理论知识上机考，技能现场操作，参考《国家职业技能标准工程测量员》根据工程测量员职业技能标准评价理论知识权重表(附表 1)、技能要求权重表(附表 2)，评价各项考核内容。

附表 1   理论知识权重表

技能等级项目		五级/初级工/%	四级/中级工/%	三级/高级工/%	二级/技师/%	一级/高级技师/%
基本要求	职业道德	5	5	5	5	5
	基础知识	25	20	15	10	5
相关知识要求	准备	15	15	10	15	20
	测量	35	35	30	15	15
	数据处理	5	10	15	20	15
	质量管理与技术指导	—	—	20	35	40
	仪器设备维护	15	15	5	—	—
合计		100	100	100	100	100

附表 2   技能要求权重表

技能等级项目		五级/初级工/%	四级/中级工/%	三级/高级工/%	二级/技师/%	一级/高级技师/%
相关技能要求	准备	20	10	10	15	20
	测量	55	60	50	30	20
	数据处理	10	15	20	25	30
	质量管理与技术指导	—	—	15	30	30
	仪器设备维护	15	15	5	—	—
合计		100	100	100	100	100

参 考 文 献

[1] 中华人民共和国住房和城乡建设部 . GB 50026—2020 工程测量标准[S]. 北京：中国计划出版社，2021.

[2] 中华人民共和国住房和城乡建设部 . CJJ/T 8—2011 城市测量规范[S]. 北京：中国建筑工业出版社，2012.

[3] 杨凤华 . 建筑工程测量实训[M].2 版 . 北京：北京大学出版社，2015.

[4] 姜树辉，巨辉 . 建筑工程测量实训[M]. 重庆：重庆大学出版社，2020.

[5] 徐伟玲，张红宇，李诗红 . 建筑工程测量综合实训[M]. 重庆：重庆大学出版社，2013.

[6] 李井永 . 建筑工程测量实训指导书与实训报告[M]. 北京：机械工业出版社，2014.

[7] 赵雪云 . 建筑工程测量实训[M]. 重庆：重庆大学出版社，2016.

[8] 张敬伟，马华宇 . 建筑工程测量实验与实训指导[M].3 版 . 北京：北京大学出版社，2018.